读懂孩子的情绪
应对孩子情绪失控的解决方法

康旖旎 ◎ 编著

中国纺织出版社有限公司

内容提要

情绪本身并没有好坏之分，只是积极的情绪能带来积极的行为，消极情绪则带来消极的行为。在家庭中，父母要想开展教育，就要先读懂孩子的情绪，了解孩子的心理变化。如此才能让孩子积极健康地成长。

本书从贴近生活的教育案例出发，结合很多家长朋友们苦恼的教育问题，并从情绪心理学的角度，给出了切实有效的指导方法，帮助父母更好地理解孩子的感受、愿望和需求，进而教会孩子提升自己的情商，成为更好的自己！

图书在版编目（CIP）数据

读懂孩子的情绪：应对孩子情绪失控的解决方法／康旖旎编著．--北京：中国纺织出版社有限公司，2023.12

ISBN 978-7-5229-0911-0

Ⅰ．①读⋯　Ⅱ．①康⋯　Ⅲ．①情绪—自我控制—儿童教育—家庭教育　Ⅳ．①B842.6②G782

中国国家版本馆CIP数据核字（2023）第158667号

责任编辑：赵晓红　　责任校对：高　涵　　责任印制：储志伟

中国纺织出版社有限公司出版发行
地址：北京市朝阳区百子湾东里A407号楼　邮政编码：100124
销售电话：010—67004422　传真：010—87155801
http://www.c-textilep.com
中国纺织出版社天猫旗舰店
官方微博 http://weibo.com/2119887771
三河市延风印装有限公司印刷　各地新华书店经销
2023年12月第1版第1次印刷
开本：710×1000　1/16　印张：12
字数：140千字　定价：49.80元

凡购本书，如有缺页、倒页、脱页，由本社图书营销中心调换

前言

为人父母,我们都望子成龙,望女成凤,为此,在教育孩子的问题上,很多父母认为要想培养优秀的孩子,就必须督促孩子努力学习、考出好成绩,而忽略了教育孩子的另一个重要方面——情商,也就是情绪管理能力。情商不仅是一个人获得成功的关键,而且高情商者还能够充分发挥自身潜能、调节掌控情绪,从而在与周围人的接触中表现出自身良好的亲和力,并在生活和工作中获得比别人更多的机遇,走向成功。

心理学家指出,对于孩子情绪管理能力的培养越早越好,他们指出:6岁以前的情感经验对人的一生具有深刻的影响,在此之前,如果孩子无法集中注意力,悲观、易怒、暴躁、具有破坏性,或者孤独、焦虑,对自己不满意等,会很大程度地影响其今后的个性发展和品格培养。而且,如果常出现负面情绪且持续不断,就会对个人产生持久的负面影响,进而影响孩子的身心健康与人际关系的发展。

因此,作为父母,我们必须尽早重视孩子的情感要求并作出正确的引导,帮助孩子认识、了解和控制自己的情绪,学会理解他人,帮助孩子做好"情绪管理",让孩子从小就拥有高情商。

其实,我们的孩子有着和成人一样丰富的情绪体验,但是孩子毕竟是孩子,他们的知识水平不足,无法察觉并合理控制自己的情绪变化,更别说有效管理了。因此,父母先要有敏锐的观察力,要对孩子产生的心理变化、情绪波动了如指掌，并且了解孩子会产生此种情绪的原因。只有这样，才能对症下药，消除他们的负面情绪，鼓励孩子发展正面情绪。不过，这个过程是漫长的，并不能一蹴而就，父母自身也要不断耐心学习，方能掌握。

从这一目的出发，我们编写了《读懂孩子的情绪：应对孩子情绪失控的解决方法》。本书从生活中的具体教育案例出发，详细阐述了如何根据孩子的不同情绪进行引导和梳理，希望能给父母们以科学的指导，让父母与孩子共同受益、一起成长。

编著者

2023年5月

目录

第1章　脆弱的孩子，需要父母用心呵护丰富而敏感的内心……001

暴风雨般的叛逆期，父母要做好孩子的引路人 / 003

孩子的抗压能力培训是家庭教育的关键点 / 006

孩子敏感脆弱，是因为内心缺乏安全感 / 008

离异家庭的孩子，需要给予更多的爱和关怀 / 011

内向的孩子，需要父母给予更多的陪伴 / 015

第2章　恐惧情绪：驱赶内心的恐惧，让孩子的心灵充满阳光 ……019

孩子害怕某一学科，父母助其分散攻克 / 021

一到考试，孩子就情绪焦虑 / 023

学校活动中，孩子遇到困难容易产生恐惧 / 026

孩子产生"黑暗恐惧症" / 029

大部分孩子最恐惧的就是分数 / 032

第3章　透视孩子心理，读懂孩子的情绪……035

面对孩子的逆反情绪，父母如何应对 / 037

鼓励孩子运用合理的方式宣泄负面情绪 / 041

允许孩子撒娇，是肯定孩子的表现 / 044

孩子犯了错，父母先要平复情绪 / 047

孩子心理压力大，如何帮其化解 / 050

第4章　直面脆弱的自己，帮助孩子认识与表达情绪……053

妙计化解亲子紧张关系 / 055

心理断乳期，理解孩子的情绪多变 / 059

孩子开始争辩，这是好的开端 / 063

当叛逆期撞上更年期，父母如何和孩子相处 / 066

尊重孩子，先从尊重孩子的隐私开始 / 069

第5章　胆怯情绪：孩子总是胆小怕事，怎么办……073

不要拿你的孩子与其他孩子比较 / 075

不要用"你真没用"来评价孩子 / 078

孩子的勇敢来自家庭的鼓励 / 082

你是不是经常说"你要再这样，我就把你送走" / 085

第6章　自卑情绪：驱赶孩子内心自卑的雾霾……089

告诉孩子善于从错误中反省，从改进中获得自信 / 091

孩子的自信是父母给的 / 094

挫折教育，让孩子不断历练出强大的内心 / 097

循循善诱，多夸奖你的孩子 / 100

自卑的孩子自我认知度低 / 103

第7章　愤怒情绪：别让孩子成为一只愤怒的小鸟……107

孩子讲脏话多半是为了吸引他人注意力 / 109

为什么孩子总觉得别人的东西才是好的 / 112

你知道孩子为什么喜欢故意捣乱吗 / 116

孩子常常"人来疯"是为了博得关注 / 119

成长期的孩子都有情绪不稳定的特点 / 123

第8章　坏脾气来袭，帮助孩子及时清除糟糕的心理垃圾……127

孩子是学校中的"异类"，不被欢迎怎么办 / 129

你的孩子是"小气鬼"吗 / 131

叛逆期孩子的父母应该怎么办 / 134

你知道孩子为什么总是和你唱反调吗 / 137

孩子"欺负"弱小同伴，父母如何干预 / 140

第9章　焦虑情绪：对症下药，缓解孩子内心的压力……143

注重孩子的感觉，而不是你的感觉 / 145

"破坏性批评"，是对孩子最大的伤害 / 149

与孩子平等沟通，化解孩子的心理压力 / 154

父母对孩子的爱，不要给予任何附加条件 / 157

倾其所有地对待孩子，孩子不会懂得感恩 / 160

第10章　心理障碍：帮孩子解开内心的结……165

孩子为何总是情绪敏感、伤春悲秋 / 167

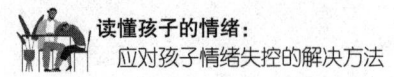

儿童孤独症，父母应该怎么办 / 170

警惕抑郁症对孩子的吞噬 / 173

孩子为什么总是闷闷不乐、情绪消极 / 175

儿童强迫症，是怎么回事 / 178

为什么一些孩子喜欢疑神疑鬼 / 181

参考文献……184

第1章

脆弱的孩子，需要父母用心呵护丰富而敏感的内心

父母都希望自己的孩子可以乐观积极向上，拥有像太阳一样的性格，因为这不管对于他们现在的成长还是将来的为人处世，都可以带来积极的作用。但是，有的孩子性格天生就比较忧郁，那么，如何改变孩子的忧郁性格呢？

暴风雨般的叛逆期，父母要做好孩子的引路人

许多孩子刚上小学时都会信心十足，带着幼儿园的"小明星"称号走入小学，在他们看来，这些荣耀是一直跟随着自己的，因此一旦自己在小学受了冷落，就会产生厌学情绪。幼儿园对于每一个孩子来说都是最美好的时光，在这里，每个老师所负责的学生不多，他们会轻易地发现每一个孩子的特长，孩子也会受到相应的赞赏、重视，这无疑给了孩子很大的成就感、快乐感。

刚刚上小学一周的孩子在妈妈接他放学的时候，告诉妈妈自己不想上学了，想回幼儿园。妈妈觉得很惊讶，难道是孩子不习惯小学的生活吗？妈妈一边安慰着孩子，一边拉着孩子回家。回到家里，妈妈忧虑地把孩子的想法告诉了爸爸，爸爸也有些担心："这孩子，肯定还怀念幼儿园的乐趣呢。"于是，爸爸妈妈都耐心地开导孩子，问他为什么会有这样的想法。孩子憋了半天才冒出一句话："我觉得现在的老师没有幼儿园的老师喜欢我，还有班上的同学也不喜欢我，音乐课上也不让我唱歌，我不喜欢这里，我想回幼儿园。"听了孩子的话，妈妈明白了，原来孩子还沉浸在幼儿园的"小明星"状态。在人多的小学班级里，他感觉到自己受冷落了。妈妈耐心地对孩子说："老师现在还没有看见你的优点呢，等过一段时间老师就会发现你的优点了，你要耐心等待，做好功课，老师肯定会喜欢你的。"虽然孩子还是撅着嘴，但似乎认同了妈妈的说法。

孩子在小学感觉到"受挫"是很正常的，父母应该告诉孩子，老师需要花一段时间才能发现他的优点，让孩子放下过去在幼儿园所获得的成绩，争做一名合格的小学生。另外，在生活方面，父母要给予孩子帮助，帮助其脱离幼儿园的习惯，培养其独立意识和安全意识，以及一定的学习能力。

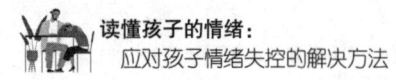

> **小贴士：**

父母要想做好孩子的引路人，可以从以下四点入手：

1. 放松孩子紧张的心理

小学一年级的孩子正处于以游戏为主的幼儿园生活到小学的学习生活的过渡时期，一些孩子由于在入学前准备不够充分，出现了入学恐慌症。有的孩子因为压力大，晚上休息得不好，很容易生病，如发烧、腹泻等。因此，在这一阶段，父母要和孩子多沟通，积极引导孩子的心理，可以经常赞扬"我们的小主人回来了""今天以前的老师打电话祝你成为一名小学生"等，让他觉得当一名小学生是一件光荣的事情，放松他们的紧张心理，使他们具备良好的心态。

2. 培养孩子的独立意识

孩子进入小学，就意味着离开了家庭，开始了一定的独立生活。为了消除孩子的紧张心理，父母应该培养孩子的生活自理能力，自己的事情自己做。在幼儿园，孩子习惯了凡事都是老师做，但现在父母可以教导孩子自己去做一些事情，如刷牙、洗脸、自己大小便、穿衣服、收拾书包等；同时，父母还需要教会孩子简单的劳动，如扫地、擦桌子；还有如剪刀、胶棒、削笔刀等文具的使用方法。

3. 给孩子灌输一些安全知识

父母应该向孩子灌输一些安全知识，必须让他懂得并遵守交通规则，如简单的"红灯停，绿灯行"，在斑马线内才可以穿越马路，明白"过马路，左右看，不能在路上跑和玩"，如果迷路了要找警察叔叔而不是跟着陌生人走。还要让孩子记住自己和父母的姓名、家庭住址、门牌号、家庭电话和父母工作单位等，以备不时之需。父母还需要教育孩子不玩火，不去拨弄电源开关，不拉扯电线，不去建筑工地玩，没有父母带领不可以去游泳、玩水。这些必要的安全知识一定要让孩子知道，以防万一。

4.帮助孩子挖掘正面情绪

也许,孩子在放学之后会抱怨"不喜欢上学""不喜欢学校",这时候,父母要尽量从正面引导孩子的情绪,尽量让上学这件事与快乐的情绪联系在一起。孩子每天放学后,你可以询问孩子"今天开不开心""今天又有什么好玩的""今天老师批评你了吗"等,父母一定要注意孩子情绪的引导问题,应站在老师学校这一边,肯定学校、肯定老师,冷静、客观地分析孩子所说的问题症结在哪里,适当地与老师沟通,减轻孩子的厌学情绪,以更利于孩子的学习。

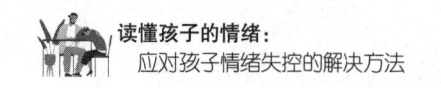

孩子的抗压能力培训是家庭教育的关键点

逆境是一种人生挑战,在压力的促使下,人们能够充分发挥自己的能力,从而发现自己的潜能,肯定自身的价值。一些人好像就是为逆境而生的,顺境的时候,他们好像就提不起精神来,可一旦遇上逆境,有了压力,则会精神百倍,像变了一个人似的,与逆境抗争。

挫折教育就是指家长有意识地创设一些困境,教孩子独立去对待、克服,让孩子在困难环境中经受磨炼,摆脱困境,培养出一种迎难而上的坚强意志及吃苦耐劳的精神。

挫折感是当孩子遇到无法克服的困难,不能达到目的时所产生的情绪状态,人的一生可以说是与挫折相伴的。困难和挫折,对于成长中的孩子是最好的大学,而父母给孩子溺爱和过分保护,会让孩子缺少参与、实践的机会,缺乏苦难的磨炼和人生的砥砺,使孩子的心理承受能力十分脆弱,遇到一点点挫折就灰心丧气、自暴自弃,失去信心。

▶ **小贴士:**

对孩子来说,他们的逆境大多是在学习和生活中受挫,那他们的受挫原因大致有哪些呢?有以下四点:

1. 心理承受能力较差

许多父母为了帮助孩子创造一个良好的学习氛围,不让孩子吃一点儿苦,受一点儿委屈。他们认为孩子的任务就是学习,所以几乎包办了其他事情。父母将孩子在家庭范围内经受挫折磨炼的机会降到了最低。尽管父母如此用心良苦,结果却往往适得其反。因为对孩子的过度关心、过度保护、过度限制,会让孩子缺少磨炼，最后让其形成一种无主见、缺乏独立意识、依赖父母的心理。这样的孩子一旦遇到逆境就会束手无策、心灰意冷，心理承受能力很低。

2. 情感上的困扰

孩子们情绪情感的深刻性和稳定性尽管在发展，不过依然有外露性，表现为比较冲动，容易狂喜、暴怒，也很容易悲伤、恐惧。对孩子来说，情绪来得快，去得也快，顺利时他们得意忘形，遇到挫折就垂头丧气。因为意志力比较薄弱，而欲望较多，如果家里不能满足其要求，孩子就会产生一些不良的情绪，并且忍不住发脾气。

3. 学习上的烦恼

当前，父母们望子成龙心切，有时会对孩子提出很多不符合他们身心发展规律的期望，再加上频繁的考试、作业、学业竞争，孩子们的心理压力很大，这让孩子们不敢面对失败。沉重的学习负担和强大的思想压力，让孩子们精神非常紧张，长时间处于焦虑不安的状态。

4. 人际关系方面的困扰

随着孩子的心理发展和自我意识的增强，他们强烈地渴望了解自己与他人的内心世界，所以产生了相互交换情感体验、倾诉内心秘密的需要，他们希望得到别人的理解、尊重、信任。不过有的孩子因为个人特点，会在人际交往上遇到障碍，自以为是，不能清楚地了解自己的不足，结果在人群中很不受欢迎，这样的孩子容易感到孤独。

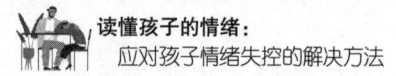
读懂孩子的情绪：
应对孩子情绪失控的解决方法

孩子敏感脆弱，是因为内心缺乏安全感

怀疑型孩子有时会内心脆弱，敏感多疑，似乎天生就被一种焦虑和不安全感笼罩着。在幼年时期，他们最重视的就是自己的父母，害怕自己受到父母的冷落，得不到父母的支持。所以，孩子敏锐的洞察力是从预测父母的态度开始发展的，且在察言观色的过程中学会了犹豫不决。

这样的孩子在童年时期有一种无助感，总感觉自己是被孤立的，时刻充满了焦虑。慢慢长大后，他们又从焦虑情绪中发展出怀疑的特质。所以，孩子对父母的感情是充满矛盾的，一方面获得肯定想要服从，另一方面又因为未能获得信任而开始蓄意反抗。

小艾从小就是一个敏感多疑的孩子，在婴儿时期，爸妈如果假装生气地说了几句话，她就会哇哇大哭。到了两三岁，由于爸妈很忙，小艾就跟爷爷奶奶生活在一起，也更加敏感多疑。有时，她会呆呆地问妈妈："妈妈，你爱我吗？"妈妈这时总把小艾搂在怀里，安慰说："你是妈妈的小棉袄，妈妈怎么会不爱你呢？"

上学之后，爸爸妈妈更忙了。小艾性格越来越内向，她经常看到几个同学凑在一块儿说笑，不时看看自己，她就怀疑：他们是在说我吗？大家都不喜欢我吗？而小艾回到家之后，又总是只有爷爷奶奶在家，她很害怕，甚至开始怀疑自己是不是爸妈亲生的孩子。否则，爸妈怎么会总不见自己呢？

小艾是典型的怀疑型孩子，几乎从她出生开始，就会下意识地寻求家中保护者的认同以获得安全感，这个保护者可能是父亲，也可能是母亲，还可能是其他人。他们会强有力地内化自己与这个保护者的关系，而且在整个成长的过程中维持和这个人的关系。

第1章
脆弱的孩子，需要父母用心呵护丰富而敏感的内心

假如孩子认为这个人是慈爱的，可以为自己提供勇气，那孩子在长大后也会从其他人那里寻找相似的指导和支持。他们会尽自己最大的努力来取悦这些人或是群体，尽职尽责地按照既定的原则和指导方针办事。

假如在孩子看来这个保护者是暴力的、不公正的，孩子将会对生活充满恐惧，担心自己会受到不公正的处罚，这时他们就会采取防御措施，对保护者采取极端的态度。

▶ 小贴士：

那么，如何才能让孩子不多疑呢？

1. 让孩子感受到爱

孩子的内心十分敏感，父母稍微有一点点疏忽，都会让孩子觉得父母可能不爱自己了，他们总会幻想出一些没人爱自己的孤独画面，这样会更加重他们的怀疑。所以，无论父母有多忙，都要尽量多抽出时间陪伴孩子，让孩子真切地感受到父母是爱自己的。

2. 尽可能多鼓励孩子

孩子对这个世界的一切怀疑都源于内心的不自信，内心自卑导致了其敏感多疑的性格。在生活中，父母要尽可能多鼓励孩子，当孩子完成一件事情之后，父母可以称赞孩子"宝贝，你真棒""宝贝，这件事你做得很对""宝贝，妈妈很爱你"。父母的鼓励可以令孩子开心，从而增强他们的自信心。

3. 多注意心灵的沟通

有时候孩子只是一个人胡思乱想，四处猜疑，他们就好像活在自己的世界里，关闭了心灵沟通的大门。如果父母不想办法与孩子进行心灵上的沟通，无法了解到孩子心中所想，那即便给予孩子再多的爱，孩子也是不快乐的。

4. 别轻易责备孩子

怀疑型的孩子是极其敏感的，他们总会怀疑一切不存在的问题。当然，这并不意味着对孩子漠不关心。即便父母很关爱怀疑型的孩子，也可能令孩子

在某一瞬间产生得不到信任和支持的失落感和恐惧感,其根源是不容易察觉的,可能只是不经意间的一次责备、一次敷衍,这些都可能导致孩子胡乱猜疑。毕竟孩子气质的一部分是天生的,他们那敏锐的感觉是父母不容易捕捉到的。

第 1 章
脆弱的孩子，需要父母用心呵护丰富而敏感的内心

离异家庭的孩子，需要给予更多的爱和关怀

离婚对孩子来说是一件大事，因为这意味着原生家庭的分裂，意味着重新定义"家"。离婚后，成年人会有一系列需要处理的事务，如分割财产、协商抚养权、抚养费以及未来的再婚、家庭重组等。其中一方的生活可能发生变动，孩子可能面临转学。每一件事都可能对孩子造成或多或少的影响，这时候对孩子进行恰当的引导教育就显得尤为重要。

诚诚从小长得虎头虎脑，聪明活泼，人见人爱。但是，在诚诚5岁那年，生活发生了一些变化——父母因感情不和选择离婚。离婚时，妈妈舍不得诚诚，想将孩子带走，但是遭到了爷爷奶奶的一致反对。诚诚看到妈妈离开的时候，哭得撕心裂肺，死死地抱着妈妈，不想让妈妈走。后来爷爷奶奶连骂带吓，诚诚再也不敢提妈妈了。

从那以后，诚诚再也不像以前那样活泼了，变得孤僻古怪，总是喜欢一个人待在角落里。由于缺少细心照顾，他经常浑身脏兮兮的，看到陌生人会以一种戒备的眼神瞄上一眼，然后低下头装作什么也没有看见。

父母离异迫使孩子生活在一个不健全的家庭，给孩子的心理蒙上了一层厚厚的阴影，这对孩子养成健全积极的性格是非常不利的。毕竟，孩子从小生活在压抑的氛围中，怎么会健康成长呢。

父母离异后，单亲爸爸或妈妈要重新创造一个适合孩子成长的环境，实在很不容易。有的孩子由父母一方领着生活，有的是住在父母重新组合的家庭里，有的则是跟祖辈一起生活。当然，父母离婚这件事本身，并不是影响孩子心理发展的唯一因素，真正影响孩子心理成长的重要因素，是父母离婚后包括孩子在内新组建家庭的环境。离异家庭的孩子可能会产生一些心理问题：

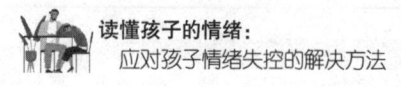

1. 十分自卑

孩子从小对父母怀着一种崇拜的情怀，觉得父母是了不起的人。孩子们在一起的时候，通常会夸耀自己的父母如何能干、如何有知识。一旦父亲或母亲缺失了，孩子自然就丧失了这份优越感，容易变得忧伤，若没有得到合理引导，甚至会变得胆怯，做事缺乏自信。

2. 喜欢猜疑

生活在父母离异、家庭缺少温暖，家人每天忙着生计的环境，这时候孩子就会开始猜疑：爸爸妈妈是不是不爱我了？同学是不是看不起我？孩子内心有这样一些想法，就无法与身边人和谐相处，人际关系也会变得越来越糟糕。

3. 逆反心理

原来的家庭温馨和谐，生活条件也不错。父母离异后，家庭环境变化带来的落差会导致孩子的逆反心理，以前看起来很听话的孩子有时会没有理由地抗拒父母的要求，产生对抗行为。

4. 想要得到补偿

父母离异之后，孩子在物质和精神上都会遭受损失。这时孩子就会对其他孩子的物质与精神生活感到羡慕，希望重新获得父母的关爱，希望回到过去幸福快乐的生活，或者从父母那里得到补偿，这是离异家庭里大部分孩子的心理。

▶ 小贴士：

那么，父母离异后应该如何做，才能让孩子更好地成长呢？

1. 离异前最好跟孩子商量

许多父母认为离婚只是大人的事情，与孩子关系不大，根本不需要和孩子商量。然而，正是这种想法导致孩子产生了被忽视的感觉，受到了很大的伤害。父母突然离婚，孩子会感觉天塌了一般，容易心事重重，容易被激怒，与小伙伴关系变得紧张，甚至自暴自弃，产生心理问题和行为的偏差。

2. 在孩子面前别指责另一方

现实生活中有很多这样的情况，父母感情不和离异了，心里不痛快，所以不断地在孩子面前说对方的坏话。有的不仅说对方的坏话，还要求孩子和自己一样对对方产生恨意。其实在孩子的心里，对方并不一定那么坏，父母一方对另一方的诋毁会让孩子很痛苦。正确的做法应该是在孩子面前维护另一方的形象，因为他/她也是孩子最亲的人。父母仅仅给孩子物质上的关心是不够的，还需要更多地关心孩子人格的发展，特别是注意孩子心灵的成长。

3. 尽到自己的责任

父母即便离婚了，也应该承担起自己为人母、为人父的责任，毕竟父母在孩子心目中的位置是无法替代的。无论自己在离异这件事中遭受了多大的委屈和痛苦，都应该好好爱孩子，给予孩子应有的关爱，这是父母的责任。

4. 别把孩子扔给老人

许多父母离异后，孩子跟了其中一方，由于自己要忙工作，无暇顾及孩子，干脆把孩子丢给老人就不闻不问了，只是定期给点儿钱就代表自己的关心了。其实，这是完全不妥当的。在孩子成长过程中，父母的陪伴十分重要，别人是无法替代的。

5. 为孩子营造愉快的家庭氛围

离异的父母需要调整好情绪，从痛苦的纠缠中解脱出来，正视现实。父母需要更多地为孩子创造愉快的家庭氛围，多给予孩子跟父母双方接触的机会，以弥补家庭破裂的遗憾。

6. 协助孩子处理好人际关系

父母离异后，孩子的心理压力更多来自学校和同学。这时父母要多鼓励孩子结交朋友，一起学习玩耍，一旦孩子的群体生活正常了，他的身心就会放松很多。同时，如果有同学取笑孩子父母离异的事情，父母需要及时梳理孩子的思绪，必要时可找老师反映一下情况，让身边的同学正确对待单亲家庭的孩子。

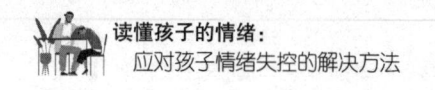

7. 让孩子感受到爱

父母离异后,孩子很少同时得到父爱和母爱。这时父母可以适时让孩子观察自己一天的生活,让孩子明白父母的辛苦,感受父母对他浓浓的爱。同时父母应鼓励孩子要坚强,学会爱父母,并且在学习和生活方面给予孩子无微不至的关怀,让孩子知道,身边爱他的人并不少。

8. 及时观察孩子的言行

离异家庭的孩子通常比较敏感,一些看起来很小的事情也会让他们产生微妙的心理变化。父母需要多观察孩子的言行,一旦发生异常就及时跟他们谈心。了解详细情况后,可以疏导的就及时疏导,若是解决不了的则需要调查分析之后再妥善解决。

内向的孩子,需要父母给予更多的陪伴

一些多愁善感的孩子喜欢自言自语,他们好像总是心事重重,偶尔还喜欢流眼泪,甚至在很多时候自己躲在房间里。在平时生活中,这样的孩子往往感情细腻、复杂,经常想得很多,顾虑也很多。

有一位家长这样描述自己的孩子:圆圆马上就7岁了,他胆子一向很小,在学校几乎不敢和老师讲话,更不用说上课主动举手发言了。在商店,他也不敢和商店的阿姨要礼物,尽管看到其他小朋友兴高采烈地炫耀他们的礼品内心很羡慕,但他还是害怕上前去。

前天,我们家养了几天的小鱼死了,他大哭了一场,然后一个人在那里自言自语地念叨:"我们养的小鱼死了,养的小鸟飞走了,养的花枯萎了,养的小鸡跑了。"我实在想不通,为什么这么小的孩子会有如此多的悲观情绪。前两天小鱼生病了,圆圆还说:"要是我能代替小鱼生病就好了,这样小鱼就不会死了。"我很担心他这种心态,对这样的孩子我们该怎么样引导呢?

由于孩子都是家里的宝贝,父母或多或少对孩子都有迁就。特别是老人,他们为孩子包办得过多,所以造成了孩子强烈的自我意识和依赖思想,似乎受不了一点儿委屈,凡事总为自己考虑,稍微有一点儿不如意就开始哭,开始耍脾气。

当然,孩子的性格和家庭的教育也有很大的关系,假如父母多愁善感,孩子常常也会内心敏感;假如父母开朗大方,孩子也会很阳光。所以,父母尽可能不要在孩子面前吵架,要为孩子营造一个良好的家庭环境。

此外,建议父母遇到事情要往好的方面想,乐观一点儿,否则孩子也会耳濡目染。同时,建议父亲多陪孩子。毕竟,和父亲在一起,孩子会更加坚强,

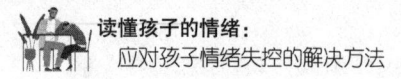

更加勇敢。

> **▶小贴士：**

针对孩子的内向悲观，家长可以根据下列七点进行引导。

1. 对孩子理智、科学地教育

当孩子多愁善感时，父母首先要语气平和地安慰孩子，向孩子表示自己理解他的感受，与孩子产生感情上的共鸣，让孩子意识到父母在与自己一起分担忧伤。当然，父母可以善于利用时机，以孩子伤感的事物为媒介，理智、科学地对他进行教育，这样有利于孩子变得较为冷静、恰当地面对人生的挫折和不幸。

2. 转移孩子的注意力

对于家中发生的一些事情，如小鸡死了、养的花枯萎了、养的小猫跑了等，如果父母在孩子面前表现出惋惜、难过，那么孩子也会受到影响。当孩子有了这种痛苦的情绪，仅凭语言解释和安慰是不够的，比较好的办法就是转移注意力，如带孩子去逛逛超市，买点零食回家吃；到书店逛逛，买几本书回家看看；到玩具店买几样玩具回家玩玩，以缓解痛苦的情绪。过段时间，孩子的情绪就会好转了。

3. 多肯定孩子的优点

多愁善感的孩子常常担心被别人否定，因此，父母要多关注孩子的优点，并常常以欣赏的语气鼓励他。孩子得到了肯定，自信心就会增强，性格也会开朗起来。在平时生活中，父母需要细心观察孩子的喜好，努力挖掘孩子的潜能，然后创造条件让孩子有展示、表现自己的机会。一旦孩子有了成功的体验，就会坚强起来。

4. 营造轻松愉悦的家庭氛围

平时，父母要注意营造轻松、欢乐的家庭环境和氛围，让孩子从小拥有良好的生活环境，比如，父母经常说说笑话，说些有趣的事情。对于一些悲伤的事情，父母最好不要在多愁善感的孩子面前表现得过于惋惜、难过，以免孩子受到影响。当孩子表现得多愁善感时，父母最好转移其注意力，以免孩子沉浸在负面情绪中。

5. 让孩子勇敢面对生活

当孩子由于多愁善感而掉眼泪时，父母要让孩子知道哭是没有用的，解决不了任何问题，即便哭得昏天黑地也不能改变事情的最后结果。告诉孩子，正确的做法就是把眼泪擦掉，勇敢面对，坚强地迎接新的生活。

6. 别总是训斥孩子

多愁善感的孩子大多缺乏自信心，所以父母不要总是训斥孩子，这样的教育方式是不妥当的。当孩子不会做某件事时，父母要向孩子解释和示范如何做才是正确的。只有孩子学会应对负面情绪的正确方法，父母才能少一分担心，多一分乐观，放手让孩子积极地走向独立。

7. 尊重孩子的想法

如果希望多愁善感的孩子变得坚强，父母不要总按照自己的意愿来塑造孩子，让孩子言听计从。有任何事情都要尽可能与孩子商量，特别是孩子自己的事情，父母一定要尊重他的想法，多听取孩子的建议。

第 2 章

恐惧情绪：驱赶内心的恐惧，让孩子的心灵充满阳光

恐惧是最常见的心理状态之一，属于情绪的正常组成部分。这一点对于孩子也不例外。毕竟，每个孩子都要经历成长的过程。每个年龄阶段都有特定的恐惧对象，大多数孩子的恐惧感来源于客观事实，是成长过程中的一个自然部分。

第 2 章
恐惧情绪：驱赶内心的恐惧，让孩子的心灵充满阳光

孩子害怕某一学科，父母助其分散攻克

父母会时刻关注孩子的学习情况，有时候，孩子可能在某一科目的学习成绩有所下降了，父母就会要求孩子把全部重心集中到那一科目的学习上。例如，孩子的数学成绩有所下降了，父母就会让孩子在一定的阶段内天天学数学；有的父母不会科学地安排学习计划，在周末或者假期的时候，父母可能会安排出"周一数学，周二语文"这样的学习计划，让孩子一整天都学习某一科。

豆豆上了小学二年级之后，英语成绩有所下滑，许多简单的单词老是记不住，几次小测验下来分数都比较低，英语老师还反映豆豆经常在课上看课外书。妈妈很着急，有点生气地告诉豆豆："以后不准把课外书带到学校去，每天写完作业就背英语单词。"豆豆担心自己的英语成绩上不去了，心里也满是焦虑，再加上妈妈带来的压力，他现在几乎看见英语单词都头晕。

有一次，英语老师听写英语单词，豆豆连最简单的"妈妈"这个单词都拼写错了，妈妈知道了这件事情，整个人都处在焦虑之中。她急忙托同事找了个英语家教，每天下午五点到晚上七点两个小时补习英语。豆豆看到这样的阵势，脸上马上出现了不悦的神情。

其实，孩子的注意力比较分散，而且，长时间地学习一门功课，收到的学习效果也并不明显。另外，时间太长了，孩子也会觉得枯燥，不自觉地就会抱怨"又是数学啊""天天写这个，我都写烦了"，孩子的耐性是有限的，他们在不情愿的情况下学习，所获得的学习效果也会很差。所以，父母在为孩子安排学习计划时要讲究科学性，不要一科学到底，要让孩子交替学习。

父母都有这样的感觉，孩子在小时候就喜欢学学玩玩，每次都要在父母的监督下才能做完作业。实际上，这是由于孩子们没有足够的耐心，而且注意力

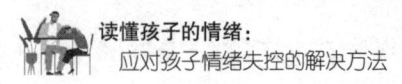

比较分散。孩子进入了小学，虽然这样的情况有所好转，但还是会出现。

鉴于孩子这样的特点，父母要因地制宜，让孩子各门功课交替学习。这样的学习时间和学习方法符合孩子的特性，也能够收到良好的效果。

▶ **小贴士：**

家长可以根据以下两点给孩子安排学习计划。

1.每一门功课的学习时间不宜过长

父母要为孩子科学地安排学习时间，每一门功课的学习时间不宜过长。比如，有的父母习惯以一天作为孩子某门功课的学习时间，这就太长了，往往到了下午，孩子就没有耐心再学下去了。父母可以参考学校所列出的课程表，学校会在一上午安排不同的课程，这样能让孩子在每一节课都能保持注意力。父母在周末或者假期为孩子制订学习计划时，也要合理安排学习的时间，在学习主科的同时穿插一些音乐欣赏或者绘画之类的辅科学习，一方面可以让孩子的大脑得到短暂的休息，另一方面还可以减少学习的枯燥性。

2.各门功课交替学习

为了让孩子保持一定的注意力，父母可以利用各门功课的差别性来交替安排学习，这样可以有效地锻炼孩子的思维方式，也能让孩子的学习收到更好的效果。例如，父母可以让孩子在上午学习语文，余下的时间听听音乐；下午的时候学习数学，余下的时间可以画画。上午和下午这两门全然不同思维的功课，会使孩子觉得有一定的新鲜感。

第 2 章
恐惧情绪：驱赶内心的恐惧，让孩子的心灵充满阳光

一到考试，孩子就情绪焦虑

炎热的夏天没有一丝风，这却是孩子最紧张的考试时间，大部分孩子的心理在考试压力下往往相对比较脆弱。在这关键时刻，父母应该做好孩子的心理医生，主动与孩子沟通。当然，父母需要注意态度和方法，尽可能地帮助孩子减轻考试所带来的压力，使孩子能够轻轻松松上考场。

面对升学考试，从心理层面上来说，父母的压力甚至要比孩子大，因为这是孩子第一次站在人生的十字路口，一定程度上决定着他未来的人生方向。在考试前的那段紧张时间里，父母要做好孩子的心理医生，确保孩子能轻轻松松上考场，并取得优异成绩。

孩子即将迎来小学毕业考试和小学升学考试，爸爸和妈妈都有些担心。面对着学生时代里的第一个重大转折点，孩子心里也是异常紧张，他担心自己会考砸了。虽然从小学一年级到现在，他已经经历了无数次考试，算得上身经百战，可是那些考试毕竟没有多大的分量。现在这重量级的考试来临了，一向镇定的他也慌了手脚，白天心不在焉，晚上常常失眠，妈妈心里着急，却又不知如何是好。

有的父母很担心孩子的入学情况，眼看着孩子不好好复习或者学习不好，自己比孩子还着急，和孩子沟通时难免就会急躁，弄得父母着急孩子也着急，最后父母生气孩子赌气，孩子的紧张压力也没有得到缓解；有的父母每天紧跟着孩子，每天逼问复习情况，无形中给孩子带来莫大的压力，即便是考试前的嘘寒问暖也会让孩子觉得不耐烦。如此看来，做好孩子的心理医生也是一门学问，父母不要忽视了方法与技巧的重要性。

在这一阶段，孩子学习负担比较重、心理压力也大，情绪上普遍比较消

极，可能一点小小的挫折就会轻易动摇他们的自信心。虽然平时学习积累得不足，会影响孩子的成绩，但如果孩子没有积极、自信、稳定的心理，他们在考场上也不能正常发挥出自己的水平。

所以，在考试之前，父母要帮助孩子减轻压力，建立起自信心，帮助孩子克服考试焦虑，如果父母自己表现得比孩子还紧张，那么效果必然是相反的。父母需要做的就是保持乐观的心态，尽可能地从细微处减轻孩子的心理压力。

▶小贴士：

要减轻孩子的心理压力，家长可从以下五点入手。

1. 创造轻松的家庭环境

父母应该意识到家庭并不是学校，更不是考场，在家里最好不要过多地谈论考试的事情。在考试前一段时间，父母要保持家庭的宁静平和，淡化紧张气氛，与孩子多谈论一些轻松有趣的话题，这就是对孩子最大的支持。一旦孩子的心情变得愉快了，学习效果自然会好，而且会产生更强烈的上进心。在家里，父母要多与孩子进行心理沟通，关注孩子的内心世界，做好孩子的心理保健员。

在这一阶段，父母不要制造出紧张的气氛。有的父母为了给孩子助阵，刻意制造出紧张的考前状态，如专门请假在家里做后勤，晚上绝不打开电视等。父母这样做反而会让孩子觉得压抑。父母应该尽可能地让家里保持正常的状态，该干什么就干什么，尽量避免对孩子的心理产生消极影响。

2. 引导孩子适当运动，保持健康状态

有的孩子在考前会由于心理过度紧张而患上"考试焦虑症"，根源在于孩子整天都在学习，生活太单调，无论是身体还是心理都会显得疲惫不堪。所以，父母应该引导孩子参加适当的运动，如每天拿出1小时作为运动或者娱乐时间，虽然孩子少学了1个小时，但所取得效果却远胜于一直学习。父母也可以在晚上陪着孩子散散步、听听音乐、看看新闻，这样都有助于孩子调节情绪，继而缓解心中的压力。

3. 合理安排孩子的作息时间

父母要为孩子安排合理的作息时间，尤其不要让孩子"开夜车"，应积极调整孩子的生活习惯。只有规律地生活和学习，才能让孩子在白天进入最佳的状态，这一点对孩子来说尤为重要。特别是考试前一段时间，父母可以督促孩子每天晚上早睡一会儿，逐步帮助孩子调整。

4. 降低自己的期望值

许多父母会对孩子抱有过高的期望，总喜欢把"至少要考多少分""一定要上什么学校"这样的话挂在嘴边，其实这样做不仅起不到激励作用，反而会让孩子更加焦虑，给孩子造成不必要的心理压力。父母需要正确了解孩子的状况，有意识地降低自己过高的期望值，你可以告诉孩子"只要尽到最大努力就行了"。

5. 增强孩子自信心

在考前那段时间，父母要给予孩子信心与勇气，给孩子信任与鼓励，做孩子的精神支柱；在考前的复习阶段，对孩子的点滴收获都要加以肯定，时刻让孩子保持良好的心态。不要打击孩子的自信心，有的父母动辄对孩子进行批评、指责，一味地责骂只会让孩子更加缺乏自信，甚至自暴自弃。所以，不要打击孩子的自信心，而应该鼓励孩子、信任孩子，增加孩子的自信心，因为自信心会让孩子把现有的水平发挥到最佳。

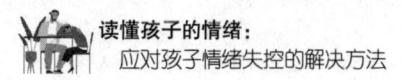
读懂孩子的情绪：
应对孩子情绪失控的解决方法

学校活动中，孩子遇到困难容易产生恐惧

父母的宠爱娇惯，让孩子产生了极强的依赖性。当孩子在准备进行一项活动的时候，经常会听到孩子还没有去尝试就喊着说："我不会。"他们在遇到困难时就显得灰心丧气，甚至选择逃避。时间长了，他们就成为惧怕困难的孩子，会被困难轻而易举地打倒在地。面对这样的情况，父母也很着急，但不知道该怎么办，有的父母则直接插手帮助孩子解决困难。

放学路上，小坤的心情很沉重，他克制着，不想让自己的眼泪落下来。可是，刚才那一幕情景就像录像一样出现在他的眼前：上课铃响了，老师笑吟吟地走进了教室，对下面的同学说："这节班会课是竞选班干部……"话还没说完，大家就叽叽喳喳地议论起来……可没想到，最后自己没选上班干部。

回到家，妈妈问道："今天怎么样呢？听说你去竞选班干部了，选上没啊？"这话说到了小坤的伤心处，他眼睛已经红了，匆忙走进自己的房间，一个人趴在桌子上哭。妈妈有些不解："这孩子，这是怎么了？"

其实，当孩子遇到了困难时，他们需要的是战胜困难的能力，而不是大包大揽的父母。因为他们在成长的过程中，随时都会遇到困难，总有一天孩子需要独自去面对困难、战胜困难。所以，父母应该有意识地培养孩子战胜困难的能力。

▶小贴士：

那么，父母该如何培养孩子战胜困难的能力呢？有以下五点：

1. 引导孩子正确评价自我

每个孩子都有自己的长处和短处，父母应该给予孩子客观正确的评价。如果父母只看到孩子的长处，孩子就会在赞赏的目光中骄傲自满，对自身的不足缺乏认识，不能接受失败；如果父母对孩子抱有过高的期望，会增加孩子的压力，伤害孩子的自尊。不能正确评价自我的孩子会缺乏一定的自信，从而在遇到困难时选择逃避。因此，父母应该引导孩子正确评价自我，让孩子对自己在实现目标的过程中可能会遇到的困难有所预测，这样，孩子对战胜困难就会有一定的心理准备。

2. 放开孩子，让他去做自己能做的事情

有的父母对孩子溺爱，事事包办代替，这样会让孩子养成依赖性，以至于单独遇到困难就不知道怎么办了。所以，父母应该放弃大包大揽的做法，放开孩子，让孩子独立去完成自己能做的事情。例如，孩子在学习上遇到了困难，父母应该鼓励他们自己去思考、解决问题，让孩子在生活中渐渐学会独立面对一切，包括人生路上的挫折和困难。

3. 给孩子树立榜样，培养孩子战胜困难的信心

心理学研究表明，父母的榜样力量对孩子行为的形成和改变有着显著的影响。如果父母给孩子树立了不畏困难、战胜困难的榜样，就有助于增强孩子面对困难和挫折的信心，让孩子明白世界上并没有唾手可得的成功，而是需要不断地战胜困难，才能获得成功。在平时的生活中，父母可以给孩子讲述一些名人战胜困难的故事，让孩子以这些名人为榜样，不畏困难。当然，孩子最好的、最直接的榜样就是父母，正所谓"身教胜于言传"，父母对待困难的态度和行为会潜移默化地影响孩子的态度和行为。

4. 如实评判，培养孩子战胜困难的能力

父母在与孩子一起玩游戏的过程中，如果总是喜欢让着孩子，让孩子取得胜利，就容易让孩子养成争强好胜、自以为是的心态，一旦遭遇了困难，就会沮丧或者丧失信心。所以，父母需要对孩子进行如实的评判，指出孩子身上存在的缺点和不足之处，偶尔也让孩子尝尝失败的滋味，让孩子学会自我调节。

5. 鼓励孩子战胜困难，培养孩子战胜困难的勇气

有的孩子在遭遇困难的时候往往会产生消极情绪，会垂头丧气，选择逃

避。其实,要想孩子能够独立战胜困难,就要培养孩子面对困难的勇气。当孩子在面对困难的时候,父母应该引导孩子采取正确的态度面对,勇敢面对,向困难发起挑战。例如,当孩子害怕去做某件事情时,父母应该鼓励孩子:"别怕,你一定能行的!"不断地给孩子打气,培养孩子战胜困难的勇气。

孩子产生"黑暗恐惧症"

张女士最近很苦恼,因为10岁的女儿月月在日记本上写了这样一句话:"每到晚上,我就开始害怕,卧室的灯熄了,爸妈都已经睡了,只有我一个人怎么也睡不着,我只能躲在被窝里,不敢把头伸出来。"

女儿月月正在读小学四年级,她很怕黑,从很小的时候就开始了,有时她甚至会要求跟爸妈同住一个房间。而且总是开着灯睡觉,偶尔关灯也是爸妈看着她睡熟了才关上的。张女士觉得女儿胆子太小了,便有意识地锻炼她,如规定她上床之后关灯睡觉。然而,这对月月而言却是一件极其恐怖的事情,她告诉妈妈自己会感觉到身边有些可怕的东西存在,如鬼怪之类的。几乎每天晚上她都会从噩梦中惊醒,哭着找妈妈。对此,张女士非常担忧,不知道该怎么办。

现在有许多孩子都很怕黑,因为黑暗想到鬼而感到害怕,这种纯粹害怕"鬼"的孩子,他们的生活实际上并不会受到严重干扰。在案例中,月月的症状表现为不正常的、极度的惧怕,而且严重影响正常生活,这些带有疾病性质的惧怕可以诊断为"黑暗恐惧症"。

患有恐惧症的孩子大多数比较胆小、独立性较差。根据张女士反映,月月在班上几乎没有什么朋友,独来独往,适应新环境的能力很差,这与父母的教育方法有关联。处于婴幼儿时期的孩子大部分会对黑暗感到苦恼,让他们恐惧的不是黑暗本身,而是在黑暗中看不到自己亲近的人,视觉上的分离引发了孩子的不安全感,这实际上是一种对父母的依恋情结。

心理专家认为,幼儿期是培养孩子独立性的关键时期。这时父母需要给孩子准备一个独立的房间,父母起初可以在孩子睡前陪伴孩子,告诉孩子自己会在他身边陪着,用手抚摸给予安慰,等孩子睡着之后,父母可以离开。等到第二天孩子醒来,父母可以表扬孩子:"一个人乖乖睡着了,宝贝真棒!"以此强化孩子独立的能力与意识。孩子在自己独立的房间睡觉,需要独立面对黑暗,孩子在这个过程中要学会自己处理恐惧等负面情绪,这就意味着孩子开始独立了。假如父母为了让孩子不害怕,总是给孩子无微不至的关怀,孩子就容易患上"黑暗恐惧症"。

对此,心理专家建议:父母要意识到,过度保护孩子只会让孩子越来越胆小。因为父母的保护就是告诉孩子,一个人睡觉确实比较危险。恐惧症惧怕的事物本身是比较普通的,在一般人看来是不需要害怕的,不过因为父母无意识地提醒孩子这种事物存在危险,结果反而强化了孩子焦虑、恐惧的情绪。

▶小贴士:

要想帮助孩子克服黑暗恐惧,父母可采取以下措施:

1. 勿称孩子为"胆小鬼"

孩子从3岁时开始对黑暗产生恐惧,假如这时父母骂孩子是胆小鬼,吓唬孩子不准哭,这将大大地误导孩子的情绪。父母应该向孩子说明事情的真相,在孩子看来令人恐惧的事物被父母一语点破,他自然会相信自己是安全的,内心的恐惧感也会随之消失。

2. 鼓励孩子多接触黑暗的环境

对于患有黑暗恐惧症的孩子,父母可以鼓励他们多接触黑暗的环境。刚开始父母可以与孩子一起尝试,直到孩子适应。在这个过程中,孩子如果感到害怕,父母可以建议孩子做深呼吸,或者鼓励孩子大声地叫出恐惧的感觉,然后让孩子独立地待在黑暗环境下直到适应。父母可以按照孩子的情绪状况循序渐进,适时给予孩子鼓励与表扬。

3. 避免让孩子将恐惧感隐藏在心里

不管孩子担心什么或害怕什么,父母都应当告诉他们害怕是正常的心理现象。平时父母多和孩子交谈，给孩子讲一些常识，这是帮助孩子克服恐惧感的最佳方法。等到孩子明白道理，心境平和了，父母可以帮助孩子对可能发生的事情作好心理上的准备。

4. 避免让孩子接触讲述鬼怪、恐怖的故事和电影

当然，恐惧黑暗与听鬼怪故事、看恐怖片有一定的联系。父母需要注意，不要和孩子过多地谈论鬼怪的故事，也应尽可能避免让孩子看恐怖片。假如孩子经常想起鬼怪之类的事情，父母需要尽可能地让孩子在闲暇时间多参与有趣的互动式活动，培养孩子积极向上的兴趣爱好，引导孩子转移注意力。

5. 及时询问孩子产生恐惧感的缘由

孩子产生恐惧感，父母要考虑他的行为和思想是否与他的年龄相符。在平时生活中，父母要随时关心孩子思想、情感的变化，以及恐惧持续的时间。孩子在恐惧时是否什么事情都不想做，不肯一个人去睡觉，不愿意去上学，甚至不敢离开父母？父母需要弄清楚，然后及时处理。

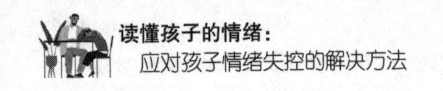

大部分孩子最恐惧的就是分数

成功的人生需要一个好的目标体系,当目标完全融入生活的时候,人生目标的达成就只剩下时间的问题了。尤其是处于学习阶段的孩子,父母更应该帮助其制订一些属于他们的目标。

露露已经上小学二年级了,她尽管每天都会按时上学、放学、写作业,成绩却总是提不上去。她好像已经习惯了及格的分数,再也不想往上努力。爸妈看到露露这样的情况很是着急,经常会问:"露露,难道你要永远考这么少的分数吗?"露露毫不在意地回答:"那你觉得呢?要不,我去哪里偷点儿分数来?"

对此,爸爸妈妈觉得露露这样的学习态度真是没什么希望了。

所有父母都关心孩子的学习,希望孩子能全方面地学习,但有的父母不得要领,事必躬亲,却见不了成效。实际上,父母作为孩子的领航者,应该帮助孩子制订切实可行的学习目标和学习计划,以兴趣为孩子最好的老师,让孩子在愉快中学习。

另外,在施行学习计划的过程中,还需要注意几个问题。孩子在完成作业的时候,需要有时间概念,不能一道题花费过多时间;尽量不要在孩子的学习时间打扰他们;帮助孩子排除各方面的干扰,如不要在书桌上放玩具和零食;刚开始的时候,父母可以监督和指导孩子学习,渐渐地就要有意识地培养孩子的自觉性,培养孩子独立写作业的习惯。

▶ 小贴士:

正所谓"态度决定一切",同样,良好的学习态度在学习过程中起着至关重要的作用。因此,父母必须帮助孩子端正学习态度,具体可参考以下三点:

1. 制订可行的学习计划

面对孩子的学习问题，有的父母觉得孩子还小，没有必要拟订什么学习计划，任他们自由发展就行了。而很多父母都为孩子制订了学习计划。虽然在现实生活中，很多孩子都有在父母帮助下制订的学习计划，但往往不能成功地施行。主要原因在于他们的学习计划不合理，不是太空泛，就是太具体。

有的父母制订的学习计划太空泛了，没有任何实际的操作性，所以，学习计划根本没有发挥出它应有的作用；有的家长制订的学习计划太具体了，甚至具体到几点几分做什么，孩子不是士兵，他们根本不可能这么严格地完成，结果慢了半拍就会使其他部分都受到影响，最终整个计划都无法完成。因此，合理可行的学习计划应该是"长计划、短安排"，合理支配孩子的时间，不能让孩子太忙碌，也不能太放松，应该能让孩子"玩得痛快，学得踏实"，这样的学习计划由父母与孩子一起制订最好。

2. 制订合理的学习目标

也许，许多父母都认为孩子在小学一年级应该取得优异的成绩，这在大人看来并不是一件难事。但是，并不是每个孩子都会认为小学一年级的课程相当简单，有的孩子也会感到一些难度。父母应该为孩子制订合理的学习目标，而不是强行地要求"你必须考一百分"，这样孩子就会感到很大的压力，只有几岁的孩子也会不由自主地担心"要是我没有考到一百分怎么办"，这样的忧虑心理将直接影响他的学习，也会使他产生一种厌烦情绪。父母应该让孩子明白，只要比上一次有进步就好了，从而勉励孩子不断地进步。

3. 养成良好的学习习惯

好的学习习惯对于成功地完成一个学习计划是必不可少的，父母可以和孩子一起制订一个作息时间表，以此保证孩子每天都能有充足的睡眠。另外，大部分孩子在小学学习中表现出的最大缺点就是注意力不集中，父母也可以有意识地培养孩子的专注力。专注的时间应由短到长，可以先从孩子比较感兴趣的事情开始训练；父母可以通过讲故事，吸引孩子的注意力，并通过提问来集中

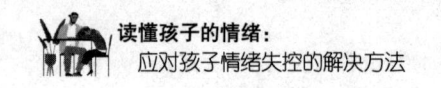

孩子的注意力；在生活中，父母可以请孩子帮忙拿一些东西，由一件到多件，让孩子一次性完成，如"请你帮我拿一个梨子、两个苹果、一个削皮器和一些牙签"。

第 3 章
透视孩子心理，读懂孩子的情绪

正面情绪与负面情绪在个体内部心理结构中处于动态平衡，就像一枚硬币的正反面一样，缺一不可。与成年人一样，孩子遇到烦恼或不如意时的表现会各不相同：有的会郁郁寡欢，有的会怒不可遏，有的会无理取闹。实际上这些都是很正常的，父母应该接纳孩子的负面情绪，因为这是孩子调整心态的一种方式。

面对孩子的逆反情绪，父母如何应对

社会心理学中，心理学家们把行为举措产生的结果与预期目标完全相反的现象，称为"飞镖效应"，就好比用力把飞镖往一个方向掷，结果它却飞向了相反的方向。这个心理效应给人的启示是，对孩子而言，他们的自我意识逐渐增强，要求独立的愿望日趋强烈，这时父母宜化堵为疏，避开其逆反心理。同时，孩子的思维能力在不断提高，只有进行平等的沟通，才能收到更好的教育效果。

阿东平时不愿意跟父母交流沟通，处处与父母对立，不是频繁地发脾气、与父母争吵，就是乱扔衣服、不写作业，有时还会逃学。有时，父母没说两句话，阿东就会摔门而去，或者说："行了，行了，我什么都懂，一天到晚啰唆什么！"他在学校与同学关系也不和睦，说话总是尖酸刻薄。老师教育他，嘴皮都说破了，他依然不动声色。父母为此非常发愁，不知道该怎么办。

许多父母经常抱怨孩子越来越不听话了，整天不想回家，不愿意与父母说心里话，做事比较任性。而孩子却说，父母一天到晚唠唠叨叨，这不许，那不准，真是讨厌。显然，孩子与父母是在对着干。

心理学研究认为，进入叛逆期的孩子独立活动的愿望变得越来越强烈，他们觉得自己已经不是小孩子了。他们的心理会呈现矛盾的特点：一方面想摆脱父母，自作主张；另一方面又必须依赖家庭。这个时期的孩子，由于缺乏生活经验，不恰当地理解自尊，强烈要求别人把他们看作成人。

假如这时父母还把他们当成小孩子来看待，对其进行无微不至的关怀、唠叨，孩子就会感到厌烦，感觉自尊心受到了伤害，从而萌发出与父母对立的情绪。假如父母在同伴和异性面前管教他们，其"逆反心理"会更强烈，这时父

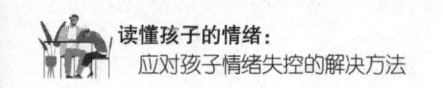

母要巧妙运用"飞镖效应"。

> ▶ 小贴士：

面对孩子的逆反情绪，父母可这样应对：

1. 正确地"爱"孩子

父母应该意识到，对孩子溺爱，实际上是害了孩子。父母对孩子既要爱护又要严格要求，对孩子不合理的要求不能无原则地迁就。如果孩子不合理的要求第一次被满足，之后就会习惯由着自己的性子来，到时候父母想管教也是无能为力。当孩子生气时，父母应避免大声斥责。这时可以让孩子做一些能转移他注意力的事情，稳定其情绪。等到孩子情绪稳定之后，再耐心地教育他。

2. 采用温情方式

父母不能因为孩子是自己的，想打就打，想骂就骂，这样的教育方式只会得到不尽如人意的结果。父母可以换个角度思考，站在孩子的立场教育孩子，处理突发事件。父母应以情感人，以理服人，毕竟孩子一时半会儿想不通，需要留给他们一些思考的时间。

3. 冷静面对孩子的逆反心理

孩子通常不太懂得控制自己的情绪，当他对父母的管教不服气时，可能情绪会比较激动，也可能会冲父母发脾气，还可能会有过激的言语和行为，这时父母千万不要跟孩子急，要想办法控制孩子的情绪，先把事情暂时放一放。孩子顶嘴时，父母即便再生气也要保持冷静，控制住自己的情绪，不能孩子一顶嘴就火冒三丈。因为这样做不仅无助于问题的解决，反而会使双方的情绪更加对立，孩子会更加不服气，父母会更生气，进而激化矛盾，使问题变得越来越棘手。

4. 与孩子亲切聊天

长时间逆反，孩子会变得蛮横无理，这极不利于其身心和谐发展。当孩子有了逆反的苗头时，父母要与孩子进行一次亲切的聊天，明确告诉他逆反是一种消极的情绪状态，父母、老师和同学都不喜欢，会影响自己的人际交往。父母可以告诉孩子：对孩子的逆反，父母有多担心和顾虑，让他感受到他的逆反给身边人造成了感情负担。

5. 父母教育思想要保持一致

在面对孩子的教育问题时，父母的思想要保持一致。不能父亲这样说，母亲又那样说；父亲在严厉地教育孩子，母亲却在一边护短。面对孩子的教育问题，父母可以先商量一下策略，观点一致后，再与孩子进行交流。

6. 掌握批评的分寸

不讲方法、不分场合地批评孩子，孩子犯了一个错误就把他过去的种种错误全都翻出来，随意地贬低和挖苦孩子，教育孩子时连同他的人格一起进行批判，这是很多父母的通病，也容易引起孩子的逆反。要想减少孩子的对立情绪，父母不能滥用批判，批评孩子前先要弄清事情的原委、分清场合，批评孩子时要考虑孩子的情绪，不要贬低孩子的人格。而且，好孩子都是夸出来的，对孩子要多些表扬少些批评，经常想想孩子的长处，关注孩子的点滴进步，寻找孩子身上的闪光点。这样一来，孩子平时受到的表扬和鼓励多了，犯错误时也更容易接受父母的批评。

7. 尊重孩子的独立要求

有的父母出于对孩子的关心，一心一意想让孩子在自己的庇护下长大成人，而孩子开始有强烈的独立自主要求，有时会对父母强加的想法和观念十分不满，从而产生逆反心理，容易与父母产生冲突。对于孩子的合理意见和要求，父母要尊重，不要对孩子发号施令，以免让孩子产生抵触心理，对孩子尽可能地用商量的口吻，如"我认为""我希望"，以此改善孩子与父母的关系，减少孩子的逆反心理。

8. 倾听孩子的想法

父母要善于聆听，让家里时时刻刻都有一种"聆听的气氛"。这样孩子一旦遇到重要事情，就会来找父母商量。父母需要抽出时间陪伴孩子，如利用共进晚餐的机会，留心听孩子说话，让孩子觉得自己受重视。父母需要做的是顾问、朋友，而不是长者，只是细心倾听，协助抉择，提出建议，而非插手干预。

鼓励孩子运用合理的方式宣泄负面情绪

社会心理学家所说的"霍桑效应"也被称为"宣泄效应"。霍桑工厂是美国西部电器公司的一家分厂，为了提高工作效率，这家工厂请来包括心理学家在内的各种专家，在两年的时间内找员工谈话两万余次，耐心听取工人对管理的意见和抱怨，让他们尽情地宣泄自己的不满。结果，霍桑工厂的工作效率大大提高，这种现象就被称作"霍桑效应"。

小乐感冒还没有好，就想吃冰激凌，妈妈不同意。小乐生气地挥着小拳头打妈妈，边打边嚷嚷。看见小乐这样，妈妈很是无奈。

小乐是个内向的小姑娘，她不喜欢说话，一遇上不高兴的事情，就狠狠地咬自己的手。小手上留下一个个的小牙印，让妈妈心疼极了。

心理学家认为，每个人都应该学会发泄情绪，特别是孩子，他们心理承受能力差，也不会用大道理来开解自己，要他们很快调整心态，做到豁然开朗比较困难。因此对他们而言，保持情绪平衡最直接的方法就是将情绪发泄出来，这对他们的身心都大有好处。

每个孩子都会有一定的情绪状态，如恐惧、喜悦、悲哀、愤怒等。与成年人能够理智地控制情绪不同，孩子的自我控制能力较弱，有了负面情绪就会当场发泄出来。孩子年纪尚小，与人交往、沟通的经验尚浅，且对自己产生的情绪认识不清，所以他们在出现负面情绪时不知道该如何表达，只好自己寻找方法来进行宣泄。

在没有父母引导的情况下，孩子自发的宣泄方式往往是不当的，如哭闹、攻击他人、伤害自己等。不过，即便孩子们发泄情绪的方式有些过激，父母也应给予充分理解，需要做的不是阻止他们，更不是大发雷霆，而是让他们懂得

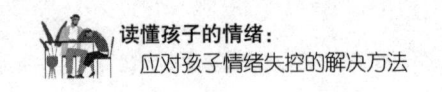

发泄自己的情绪。当孩子情绪平复后,你会发现他比以前更懂事了,还会为自己的过激行为感到惭愧,并对父母的宽容心存感激。

孩子慢慢长大,心里想的东西越来越多,那种"给一颗糖就不哭"的日子已经一去不复返了。他们开始用心感受世界,寻找自己的朋友,开始将心里的一个角落封闭起来只装自己的小秘密。有时,他们忽然觉得自己充满了矛盾和困惑,内心烦躁不安,想找个人大吵一架。孩子的心理是脆弱的,有时压力会让天真烂漫的他们感到无所适从,假如他们总把学习、生活或是人际交往中遇到的所有不愉快闷在心里,时间长了,难免有一天会做出什么不可挽回的事情,还可能会造成心理障碍。

▶小贴士:

那么,父母该如何帮助孩子进行情绪宣泄呢?对此,有以下六点建议:

1. 随时观察孩子的情绪

父母要有一双敏锐的眼睛,随时洞察孩子的情绪变化。当发现孩子情绪低落或反常的时候,可以引导他们找一种好的发泄方式,试着与孩子进行心与心的交流和疏导。或是带孩子到野外登山或进行体育活动,让其情绪得以释放;或兑现一个孩子期待很久的承诺,以满足其平时的不平衡心理。这时你会发现自己的理解拉近了与孩子的距离,你们彼此相处会更和睦、更愉快。

2. 避免粗暴对待

性格粗暴的父母看到孩子采用不良的情绪宣泄方式时,会忍不住暴跳如雷,用粗鲁的方式直接压制,遏制孩子的发泄。这样的方法表面看起来十分奏效,但实际上孩子是出于害怕才停止宣泄的,原来的负面情绪没有得到缓解,又多了被粗暴压制的痛苦,很容易引发孩子的心理问题。长时间这样,孩子内心积压的情绪问题会越来越多,性格也会变得抑郁沮丧,终有一天会如火山喷发一样,全面爆发出来。

3. 避免轻易向孩子妥协

孩子的不良发泄方式有时是因为提出的要求没有得到满足，一些父母出于对孩子的疼爱或觉得烦躁，见到孩子哭闹就马上无条件"投降"，满足其所有要求。这样做的结果是让孩子产生误解，认为只要哭闹就会迫使父母就范，于是每当有要求不被允许，就会哭闹、撒娇。

4. 培养孩子广泛的兴趣

培养孩子多方面的兴趣，鼓励他们积极主动地投入各种活动，广泛地与他人尤其是同龄孩子交往，是让孩子学会宣泄情绪的有效方法之一。尤其是孩子出现负面情绪时，父母不能长时间让孩子沉浸在消极情绪里，而要引导孩子学会用转移的方式消除负面情绪，让孩子真正懂得在遇到挫折或冲突时，不能将自己的思想陷入负面情绪，而应尽快地摆脱这种情绪，投入自己感兴趣的其他活动中。

5. 允许孩子向父母宣泄情绪

孩子在遭遇冲突或挫折时，往往会将事由或心中的不满感受告诉父母，以寻求同情和安慰。孩子经常喜欢"告状"，这是以寻求支持的方式应对心理压力的策略。对此，父母应该予以理解，这不仅体现了孩子对父母的信任，同时也是孩子消除心理郁积的常用方式。

6. 设置"冲突"情境，给予"补偿"教育

父母对于孩子表达的情绪体验、感受，不应妄加批评或评论，可以通过设置"冲突情境"教会孩子表述自己的感受，讨论和商量出合理的解决办法。在冲突情境出现后，要让孩子自己进行评论，学会寻找能够解决矛盾、让冲突双方都高兴的策略，让孩子通过讨论，自觉地按照合理的方式宣泄负面情绪。

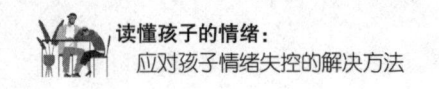

允许孩子撒娇,是肯定孩子的表现

平时生活中,我们对于"小皇帝"的报道听得很多,对于娇生惯养的危害也印象颇深。因此,大多数父母都会有这样的认识:不能娇惯孩子。这本来是一种好的教育方式。娇生惯养,纵容孩子一些不合理的倾向、习惯和要求,对孩子的成长是极为不利的。假如对孩子的行为没有约束,恐怕他们会无节制地追求,就好像成年人迷恋金钱、名誉、权利一样。

不过,在实际情况中有时难免矫枉过正。在不知不觉间,有的父母连对孩子正常的愿望、欲望也限制了,连孩子正常的心理、需求也视为娇气。父母开始对孩子有比较高的要求,希望孩子可以早点儿自立、成熟。孩子是慢慢长大的,如他们小时候怕狗、怕猫,这样的恐惧心理是天生的,不是想不害怕就可以不害怕的,与意志无关,也不是娇气的表现,父母需要适时满足孩子内心的自我肯定感。

昨天晚上凌晨一点钟的时候,我和孩子爸爸刚刚睡下,就听到5岁的女儿喊:"妈妈,妈妈,我要去厕所。"我对女儿说:"你自己去吧,来妈妈这里拿手电筒。"女儿直嚷着:"我不去,我害怕,我要妈妈陪着我去。"我好心劝导:"宝贝,你自己去吧,我们先不睡觉,在床上看着你,直到你回来,好吗?"但是,不管我怎么说,她就是不肯去,在床上哼哼唧唧。顿时,我觉得自己火气直往上冒,然后就说:"要去就自己去,不然就不要上。"女儿听后哇哇地大哭起来。

我越听越生气,把孩子说了一通。尽管我潜意识里觉得自己不应该发火,但就是控制不住自己,总是觉得孩子都那么大了,也太娇气了,自己上个厕所都不肯。她总是跟我说怕鬼、怕坏人,我也无数次地告诉她这世界上是没有鬼的,所有关于鬼的故事都是我们人类自己编造的。而坏人嘛，家里的门都锁得死死的，坏人哪有那么容易就进来了，而且爸爸妈妈都在家里，何必什么事都需要爸爸妈妈陪伴呢？

自我肯定感，是让孩子意识到"我是有存在价值的，是被别人需要的，做我自己就可以"。孩子只有有了自我肯定感，才会有学习欲望，才能提高素养，养成良好习惯。假如缺乏自我肯定感，孩子会认为自己活得没有价值，从而容易丧失努力学习和提高素养的欲望。

日本教育作家明桥大二曾提出，父母应在孩子童年时期培养其自我肯定感，允许孩子撒娇，使其形成独立的人格。自我肯定感是孩子心灵成长的根基，0～3岁是培养孩子自我肯定感的最佳时期。然而，许多父母更多关注孩子的身体健康，忽视了孩子的心理健康。

▶ 小贴士：

那么，父母该怎样培养孩子的自我肯定感？

1. 多拥抱孩子

要想培养孩子的自我肯定感，父母应多拥抱孩子，仔细聆听孩子讲话，让孩子感受到父母对自己的重视。当然，对于幼儿来说，多给孩子换尿布、喂母乳等也是培养孩子自我肯定感的有效方式。

2. 允许10岁以前的孩子撒娇

让孩子撒娇，有利于培养孩子的自我肯定感。孩子10岁以前要允许其撒娇，让孩子获得依赖感和安全感，有依赖感和安全感的孩子才有独立的意愿。父母要允许孩子撒娇，不要无视或放任不管，或者过度干涉孩子的行为。

3. 允许孩子合乎情理的撒娇

父母要学会区分孩子的撒娇哪些是合乎情理的，哪些是不合乎情理的。例如，孩子生病、身体不舒服时，就比较容易撒娇；婴儿每天的午后和晚上要睡觉时会撒娇；外界扰乱了孩子的生活习惯就可能导致孩子吵闹、撒娇；孩子到了一个陌生的环境，因为不熟悉环境而产生心理不愉快也会撒娇；当孩子情绪低落、

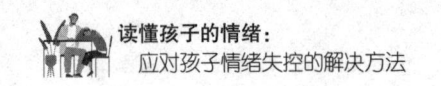

心情不舒畅时也容易撒娇……对于这些合理的撒娇，父母应该予以理解、原谅。

4. 允许孩子撒娇并非娇惯孩子

允许孩子撒娇和娇惯孩子是两个概念，允许孩子撒娇，更多的是理解和适度满足孩子的正常心理需求。孩子本来就是孩子，一点儿都不娇气那就是大人了。而娇惯孩子更多的是无节制地满足孩子的欲望，纵容孩子过分的表现。让孩子撒娇与娇惯孩子是有区别的，前者是满足孩子情感上的需求，对孩子依靠自身能力可以做到的事要尽量放手；后者是满足物质上的需求，对孩子的事大包大揽。允许孩子撒娇，他并不会被"惯"得娇气，孩子自身的生命力和自立能力是茁壮的，会自然地生发出来。

孩子犯了错,父母先要平复情绪

习得性无助,指的是因为重复的失败或惩罚而造成的听任摆布的行为。孩子天生是积极的,喜欢尝试的。他只要一睁开眼睛,就尝试着到处看;当他能控制自己的动作时,就喜欢到处爬。自然,由于许多事情都是第一次,难免会出错。假如对孩子的每一次尝试,父母都严厉呵斥"不准",或大惊小怪地惊呼"危险",时间长了,他对自己所说所做的事情就会变得不那么自信了,因为他不知道自己做完之后父母是否又会大声说"不"。最终,他会如父母所愿变成一个"乖"孩子,但会把"自卑"的种子深深地根植于心中。

赵妈妈抱怨,儿子每天小错不断,大错隔三差五,每天在家里搞破坏,如早上起来把卷筒纸缠在身上做飘带,上学路上把玩具拆得七零八落,幼儿园老师反映他把洗手池的水龙头堵了,说想看看水还能从哪里冒出来……

儿子的调皮愈加花样繁多,卧室的灯泡一个月内闪坏两次,他却推卸责任说妈妈买的灯泡不"结实";后院里的花朵一天天减少,是因为被小家伙摘了种在土里、泡在水里,屡种屡死;饭后积极收拾碗筷,摔碎碗,还不打自招地称"我不是故意的",然后还恍然大悟地说:"妈妈,原来瓷盘子真的不能摔呀!"对于孩子幼稚且故意犯下的错误,妈妈十分生气,教训过几次,不过没什么效果,孩子还变本加厉地故意跟她作对,这让妈妈很是头疼。

心理学家告诫父母们:不要努力培养"不会犯错的孩子"。父母在教导孩子时,常常亦步亦趋地紧盯着孩子,要求孩子不要犯错,只要孩子错一点点,就着急叮咛与矫正,担心孩子做错事。不过,父母是否考虑过,这样真的是对孩子最好的教育方式吗?小时候不让孩子去尝试,等到长大后又抱怨孩子很被

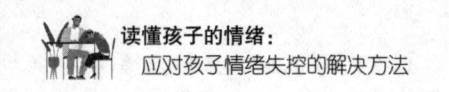

动，没人教他就不会做；小时候不让孩子"失败"，等到长大后却又抱怨孩子怕"挫折"，遇到一点儿小事就放弃。

对孩子而言，没有比拥有一个"完美"的童年更糟糕的事情了。拿破仑曾说："推动摇篮的手就是推动地球的手。"父母要知道，智商并不是第一位的，不过智慧一定是最关键的。孩子犯错并不可怕，可怕的是父母对待孩子犯错的方式错误。父母不当的管教方式，不仅不能让孩子认识到错误的本质，体验到犯错的后果，反而会让孩子身心受到更大的伤害，甚至会让孩子走向父母期望的另外一个极端。

每一个孩子天生都是纯真而美好的，他们带着自己独特的命运来到这个世界。父母最重要的任务是识别、尊重并培养孩子自然而独特的成长过程，明智地支持孩子，帮助他们发展自己的天赋和优点。父母需要认识到，没有哪个孩子是完美的，所有的孩子都会犯错误，这是不可避免的。

孩子衡量自己的唯一途径是父母的反应，父母应传递给孩子的信息是：只要尽最大努力就够了，错误是学习和成长中很自然的一部分。通过犯错误，孩子能学到什么是对的、什么对自己最好。当孩子得到明确的信息，明白犯错误也没关系的时候，那些不良反应就可以避免。所以，父母应允许孩子犯错误，且视犯错误为学习的过程，让孩子有机会得到充分的发展。

> **▶ 小贴士：**

那么，父母怎样做才算是允许孩子犯错呢？

1. 鼓励孩子大胆尝试

孩子就像是一个天生的"科学家"，凡事都要亲身去尝试，才会愿意相信这是事实。即便父母跟他说："这个杯子会很烫。"假如杯口没有冒热气，孩子总要摸一下才会愿意相信。尽管这在父母看来是调皮，不过也正是因为这样的"天真"与"执着"，孩子才会产生与父母截然不同的想法。允许孩子犯错，实际上就是鼓励孩子不怕失败、敢于尝试。

2. 重视孩子的天性与特长

父母把所有的精力都放在重视孩子"不会犯错"上，就忽略了孩子的天性与特性，这样的努力到头来可能是一场空，且会让孩子感到精疲力尽。孩子的成功值得表扬，不过"失败"也不是一件错事，最重要的是孩子喜欢"探索"与"尝试"。父母应重视孩子的天性与特性，鼓励孩子在尝试中成长。

3. 不要把"不可以"挂在嘴边

婴儿在跌跌撞撞中学会了走路，因为不怕跌倒，才能走得好。父母不要总是把"不可以"挂在嘴边，这不是在保护孩子，反而是在限制孩子的发展。相反，父母可以告诉孩子"怎么做"，给孩子一些练习的时间，不要期望第一次孩子就可以好好配合，毕竟孩子需要反复练习才会熟练。

4. 鼓励孩子承认错误

假如孩子真的犯错了，父母需要耐心教导，鼓励孩子承认错误。父母要让孩子明白，犯错是一件很平常的事情，每个人都会犯错，只要勇于改正就是好孩子。在这个过程中，父母要有足够的耐心，否则就会让孩子害怕受到惩罚，甚至让孩子学会隐瞒自己的错误，让他们认为，与其面对惩罚，还不如隐瞒所做的事情，以免被发现。

5. 别给孩子乱贴"标签"

当孩子犯错的时候，记住无论自己多么生气、多么恼火，都一定要努力克制住自己的情绪，不要给孩子乱贴标签，如"坏孩子""惹祸精"等。等到父母和孩子都心平气和的时候，父母也不要用命令的语气，而是要用建议的方式跟孩子沟通他的错误，这样父母会更深刻地了解孩子犯错的心路历程，借此可以引导孩子认识世界，引领孩子健康成长。

孩子心理压力大，如何帮其化解

现代社会，孩子产生心理疲劳的主要原因就是精神紧张和学习过量，许多孩子担心父母失望，加上学习压力大，由此感到内心的紧张与疲劳。孩子正处于心理和身体的发育时期，过小的年龄担负不了太大的压力，长时间让孩子超负荷运转，会让孩子减少欢乐，增添疲劳与紧张，容易产生缺乏信心、没有热情、考试焦虑等心理问题，对孩子健康人格的形成和良好品行的养成，都有极大的负面影响。

最近，孩子写了一篇日记，题目是《生病是我的最爱》："我喜欢生病，生病是我的最爱。因为生病了，全家人都会像伺候小皇帝一样伺候我，我就像当了小神仙一样，不，应该比小神仙还舒服。"

平时，孩子放学一进家门，就跟我说："妈妈，我今天好累呀，能不能少写点儿作业，少做些题？"孩子真是累了，从进门开始就是一副无精打采的样子，我问孩子："怎么了？"孩子叹着气说："每天作业太多了，我放学一回家就开始写、写、写……"

上周末，我打算带孩子去学小提琴，结果快到教室门口了，孩子小声央求我说："妈妈，求你别让我学小提琴了，星期天我已经上了三门课了，我要累死了！"看着孩子乞求的眼神和失去了快乐的笑脸，我的心不由得隐隐作痛。

很显然，孩子产生了心理疲劳。望子成龙是很多父母的夙愿，不过美好的夙愿却由于不恰当的教育方法，而让这些孩子成为"疲惫的一代"。许多父母希望在孩子身上实现自己的梦想，有的父母注重孩子的学习成绩，给孩子安排题海战术；有的父母注重孩子的才艺培养，让孩子参加各种兴趣班。这些父母就像是拔苗助长的农民，急切地拔高自己的苗子，却不在乎身心疲惫的孩子。

如今的孩子在物质上得到了极大满足，不过他们也仅仅有物质上的满足。父母与孩子很少会有心灵的融会与沟通，孩子却承载了父母太多的希望。"不让孩子输在起跑线上"成了许多父母的口头禅，孩子呱呱坠地时，父母就为其定下了考名牌大学的目标，于是让几个月大的婴儿学识字，牙牙学语的孩子学英语。辅导班、特长班让孩子应接不暇，结果孩子的书包越背越重，眼镜片越来越厚，长时间的身心压力使他们脸上很难有属于自己童年的纯真笑容。

父母无暇顾及孩子、忙于工作、日复一日地抱怨"心太累"的时候，这样的成人病已经降临到孩子身上。请别让孩子"心太累"，当你的孩子有这样一些表现时，就有可能是产生了心理疲劳：不喜欢上学、不愿见老师，有的甚至一到上课时间就喊肚子疼；不愿做作业，一提作业就烦躁，一看书就犯困，不愿翻书本；即便在没有外界干扰的情况下，注意力也不能集中，有的孩子尽管手里拿着书，却始终看不进去；不愿意父母过问学习的事情，对父母的询问保持沉默，或情绪极度烦躁；上课常常打不起精神，课后却非常活跃，觉得"玩不够"。

▶小贴士：

那么，父母该怎样帮助孩子消除心理疲劳呢？下面有五点有效建议：

1. 成长比成绩更重要

很多时候，父母要降低期望值，帮孩子减压，而不是火上浇油。例如，孩子没考好，父母可以安慰："没关系，好好学习，下次努力考好就行。"即便孩子再次发挥失常，父母也可以鼓励："这样真好，你就知道自己的不足在哪儿了。"父母应该有这样的观念：成长比成绩更重要，考试只是孩子人生长跑的一个阶段，一次没考好还有下次。父母要告诉孩子尽力就行了，不要刻意给孩子定下目标。

2. 主动走进孩子的生活

对于那些已经有心理疲惫现象的孩子，父母要主动走进他的生活，和他多交流，给孩子一个宽松舒适的环境。父母要多给孩子运动和娱乐时间，给孩子的压力找个宣泄口，引导孩子用平常心看待考试，用积极的心态应对学习上的各种挫折。

3. 给孩子在心理上减压

父母要根据孩子的实际情况，帮孩子明确和分解阶段性的奋斗目标，用不断取得的小成绩激励孩子，恢复孩子的自信心，让孩子在轻松愉快的情境中消除身心的疲劳感。

4. 培养孩子的学习兴趣

父母可以调动孩子本来就有的旺盛的求知欲，让孩子感受到学习知识是一件快乐的事情。引导孩子带着愉快的心情去学习，这样即便学习内容多、难度较大，孩子也会学得不亦乐乎，且不容易感到疲劳。

5. 增加孩子休息和玩耍的时间

学要认认真真地学，玩要痛痛快快地玩。这句话是对学习和生活的最好诠释。不管是孩子，还是父母，只有玩好了，休息好了，心理疲劳才会消失。情绪好了，精神饱满了，再来学习，才能高度集中注意力，获得最好的学习效果。

第 4 章

直面脆弱的自己，帮助孩子认识与表达情绪

情绪没有好坏之分，只有正面情绪和负面情绪之别。父母要教会孩子正确表达情绪，让他尽快从负面情绪中脱离出来，直面脆弱，同时也让孩子变得更加善解人意。

妙计化解亲子紧张关系

在传统家庭教育中，孩子听父母的话是理所当然的，但父母往往不太尊重孩子的意见。经常是父母决定填报高考志愿、找工作等孩子所有的人生大事，扼杀了孩子的个性，最后让孩子成为没有主见的人。随着社会的不断进步，现在的孩子变得越来越有自己的想法了，不再对父母的意见唯命是从了。于是，父母与孩子更容易产生矛盾。

妈妈一说起女儿小萌的不是，气就不打一处来："我们一起吃着饭，她就开始滔滔不绝地说起了班上某个男生的事情，说什么篮球打得好，人长得帅，歌唱也得好，还说她们班里的女生都快迷疯了。上次考试没考好，我就觉得她受什么干扰了，原来是这个。"

女儿小萌毫不示弱："我平时都不怎么跟我妈交流，她总是听风就是雨，然后唠叨个没完没了，那天吃饭觉得妈妈心情还不错，就跟她聊了几句班里的事情，谁知道还没说完，她就生气了，说：'心思不放学习上，你管人家男生怎么样？你看你这样，能有什么出息！'我听了觉得特别委屈，我和妈妈说这个事情只是觉得好玩，谁知道她突然就翻脸了。"

女儿小萌越说越伤心："虽然我自己的成绩在班级可以排三四名，但妈妈就是不满意，拿起考试卷子就开始埋怨，一直埋怨到下次考试成绩出来，然后换个话题再继续。"

妈妈对女儿的表现很伤心："我也不知道为什么，总是觉得她别扭，觉得她不够努力，不够优秀，一旦她做的事情和我的安排不一样，我就生气，有时甚至很绝望。她好像在故意跟我作对，我让做的事，她总是找理由不做，还时不时地给我脸色看，她以前很乖的。"

妈妈说，现在自己和女儿的矛盾是家里的"主要矛盾"。找心理咨询师咨询后，妈妈给女儿写了一封道歉信："由于你弄丢了东西，在课堂上说话，成绩下降，剪了一个妈妈不喜欢的发型，和同学煲电话粥，妈妈是多么粗暴地对待你，大声地责骂你……女儿，感谢你的宽容，即便我常常责骂你，你还是待在我身边，亲热地叫我妈妈；感谢你的存在，让妈妈意识到生活的美好。我多么希望我们母女二人能够永远和睦相处，成为彼此最亲密的人……"

父母解决矛盾的方式，会直接影响到孩子和其他人相处的态度。假如父母常常以蛮横或暴力的方式去解决问题，那么由于孩子在家里没有学习到正确的解决矛盾的方法，他在进入叛逆期后就会产生很多问题。而在每天充满争吵、暴力或回避矛盾的家庭环境下成长起来的孩子，通常不懂得怎样去解决和同龄人、和父母之间的分歧。

▶ **小贴士：**

当父母与孩子发生矛盾时，父母该如何去解决呢？有这样几种方法：

1. 不要对孩子作无原则的让步

当矛盾产生的时候，有的父母表现得过于宽容，因为他们不想伤害孩子的感情，更不愿意听到孩子的抱怨。通常这类父母在年幼时受到过严厉管教，所以会采取完全相反的教育方法。父母十分感慨：我希望孩子觉得他的父母都是平易近人的，就像他的朋友一样，他在我面前可以无拘无束，自由自在。在与孩子发生冲突时，父母有时不得不对孩子作出让步，因为父母不想破坏和孩子建立起来的良好关系。

不过，无原则的让步会使孩子养成以自我为中心的性格，变得调皮捣蛋，难以控制，成年后成为一个自私自利的人。因此，父母要用纪律约束孩子，让其成为一个懂得自律的人；在孩子暴躁的时候，父母要想办法让他安静下来，对孩子说"不"，让孩子知道，并非什么时候都是自己说了算，使他慢慢地学会为别人着想和尊重父母。

2. 不要一味地回避与孩子的矛盾

当孩子在学校里考试作弊被老师抓到之后，一些父母会说："我的孩子是不会这样做的。"这样的父母通常不愿意正视孩子所犯的错误，当问题出现时，他们的第一反应就是推卸责任。孩子具有叛逆性，要说服他们并不是一件容易的事情。有许多父母不愿意和孩子正面交锋，而是采取冷处理回避矛盾的方法。适当的"降温"是一件好事，如果一味地回避矛盾，其结果就是孩子长大后不懂得如何正面解决矛盾。

父母要习惯和孩子面对面地解决矛盾，假如现在忽略矛盾的存在，那结果将是令人难过的。由于问题没有马上得到解决，孩子的心情会变得焦虑和压抑，这种不良情绪积聚到一定时期就会像火山一样爆发，结果只会加深孩子的对抗情绪，把事情弄得更糟。

3. 避免专制地解决矛盾

有些父母经常大声斥责孩子，甚至使用羞辱和恐吓的方式，尽管大多数父母并不认同这样的做法，但他们就是控制不住自己的情绪。在这样的家庭教育下成长起来的孩子，长大后会出现两个极端：要么成为一个专横跋扈的人，要么成为一个恐惧矛盾的胆小鬼。当父母愤怒地责骂孩子时，可以想一想自己愤怒背后的原因。假如孩子在自己情绪不佳时顶撞自己，不妨暂时离开一会儿，等自己的心情平静了再回来继续讨论，这样会收到更好的效果。

父母可以用简单的话语表达自己的要求，毕竟长篇大论的谈话会慢慢演变成批评和指责，让孩子生厌。父母可以简单地说"是做作业的时候了""你该整理一下床了"，或者干脆不说话，只是在孩子看得到的地方贴上字条就行了，这样的方式会让孩子感到自己受到了尊重，心里也比较容易接受父母的要求。

4. 与孩子商量

当父母和孩子的意见出现冲突的时候，采用和孩子商量的方式更容易被孩子接受，孩子会从中学会怎样客观地看问题。例如，"你可以帮我把东西拿回来吗？""你可以再仔细考虑一下吗？"商量型的家庭教育需要双方都作出合理的让步，采取折中的方法，不过需要掌握好退让的原则，切不可放弃父母的权力。父母可以把不可商量的事情列出来，如"尊重个人隐私""先做作业，后玩""10点以前睡觉""每个月的零花钱定额，不能超支"等，让孩子预先知道这些原则，当你和孩子商量时就有据可循，就可以掌握主动权了。

5.引导孩子怎么做

引导式的家庭教育是解决父母和孩子之间矛盾的最好的方法之一。引导法强调父母平静、明确地指出孩子行为的后果。父母可以说"你要怎样做，才能干什么""如果你不这样做，我就会那样做"，这样的话听起来合情合理，不带任何恐吓成分，让孩子明白要对自己的行为负责。

要成为引导型的父母，你对孩子的要求越具体越好，比如"在周末收拾好你的房间后才能出去玩"，父母的要求越具体，孩子就越愿意按你的要求去做。假如孩子还是不听话，那父母就要把自己的话付诸行动，让他明白父母是说话算数的，这样，父母的威信自然就树立起来了。

心理断乳期，理解孩子的情绪多变

孩子叛逆，产生对抗情绪，这既是一种独特的心理现象，也是一种必然的生理现象。孩子的心理随着年龄段的变化而变化，第二性征的出现给他的心态造成了冲击，让他在面对自身的变化时经常会感到不知所措，从而产生浮躁心态和对抗情绪。处于成长期的孩子心理具有特殊性，他觉得自己已经像个成年人，所以在面对问题时，他们经常表现出幼稚的独立性，产生一些偏激的或是强烈的反应。

由于自我意识和好奇心的增强，又由于社会、媒体的冲击，成长期的孩子会对许多东西产生兴趣，他们想要通过表现个性、追逐潮流来满足自我意识和好奇心。社会和家庭的传统教育的一些弊端，阻碍了他自身发展的需求，成为对抗情绪产生的源头。

小梦读初中时，非常喜欢信息技术这门课，但父母禁止她"玩计算机"，而且一味地要求她放学回家必须做多少作业、多少遍练习，这引起了小梦的强烈不满。既然父母在家不让她做自己想做的事情，她就故意不用功，让成绩一落千丈。虽然明知这样做不对，但是小梦依然我行我素，她甚至喜欢看到父母不舒服、干着急的样子。

当父母说："今天下雨了，记得出门多带一件厚外套。""宝贝，你最近怎么回事儿，得抓紧学习啊，你这样，我真的不知道该怎么办啊！""以后你长大了，怎么办呢？学习不好，只能……"这时，小梦就会捂住自己的耳朵，大声叫道："你们说什么，我都不想听……"

当父母好心提醒孩子"降温了，带件衣服去学校"，孩子的回答却是"你好烦啊……"成长期孩子的不听话成了父母心中挥之不去的"痛"，他们要么与父母针锋相对，吵闹顶嘴，要么对父母的话置之不理，置若罔闻；要么受到批评就摔门而去，甚至上演离家出走的戏码。对于这样的孩子，父母选择了"打骂"，但越是打骂，孩子反而越叛逆，越是与父母对着干。

孩子为独立作准备，所以他想在心理上跟父母分离，表现出来的就是强烈的对抗行为。心理学家认为，孩子成长期的亲子对抗是有积极意义的，只是每个孩子性格不一样，独立意识不同，许多父母都没准备好，认为孩子的行为只是出于父母自身意愿。面对成长期的亲子对抗，父母做出的改变要比孩子多得多。

▶小贴士：

当孩子出现对抗情绪时，父母该怎样做？

1. 尊重孩子的"心理断乳期"

心理学家认为，12~16岁是孩子的"心理断乳期"，随着接触范围的扩大，知识面的增加，他们的内心世界丰富了，容易对父母产生"逆反心理"。他们认为自己已经长大了，对社会、人生有着与父母不同的看法，不喜欢父母处处管着自己，于是开始时时顶嘴，事事抬杠。

2. 理解和接纳孩子

孩子出现的一系列身心变化，他自己也是始料不及、难以控制的，这时尤其需要父母的理解和接纳。千万不要看到孩子的一些变化，或者发现孩子的反常行为就大呼小叫、惊慌失措，更不要严厉训斥、横加指责，否则只会加剧孩子的逆反心理，增加与父母的隔阂。

3. 父母要改变自己的教育模式

父母要改变自己说话时所用的语气、措辞、态度及行为。传统的教育方式已经证明没什么效果，所以不管你怎样改变，都可以比重复过去的方法多一个成功的机会。但不要以为改变了，孩子就会马上听话，他会用无数次的试探来看父母是否会坚持。

4. 尊重和信任孩子

情绪本身不是问题，真正需要处理的是导致情绪出现的事情或过程。父母假如可以跳出这种在孩子面前独断专行的权威怪圈，从孩子成长的长远来看，做与孩子平等的朋友，才是更理智的教育方式。由于朋友之间的平等，彼此之间的沟通会更流畅，这样就不会为"听话与否"的问题与孩子产生分歧。

5. 父母要提高自身的影响力

父母对孩子的影响力源于知识和榜样的力量。在平时生活中，父母要不断学习，提高自身的知识积累，通过渊博的学识让孩子信服。此外，父母还要以身作则，言行一致，注重自身修养，树立自己的威信，成为孩子的榜样。即便与孩子交流，也要做到心平气和，态度和蔼。

6. 对孩子多忍让

孩子比较叛逆，父母不要硬碰硬，不要跟孩子争高低，因为胳膊总是拧不过大腿，所以对孩子应适度忍让。假如与孩子发生冲突，父母应该懂得忍让，与孩子达成和解，毕竟这是孩子的人生必经路。

7. 对孩子多赞美、少批评

教育家认为，好孩子都是夸出来的，恰到好处的赞美是父母与孩子沟通的兴奋剂、润滑剂。父母对孩子每时每刻的了解、欣赏、赞美、鼓励会增强孩子的自尊、自信。父母应该记住这样一句话：赞美鼓励使孩子进步，批评抱怨使孩子落后。

8. 给孩子一个自由的空间

有时候孩子太过专注于感兴趣的事情而忽视了父母的要求，这完全是在情理之中的。父母应适当多给孩子留一个属于他们自己的空间，这样孩子才有时间或胆量做自己喜欢做的事情，假如父母可以及时送上称赞，就会有利于孩子将来的发展。

9. 让孩子认识到什么样的行为是自己应该做的

多听话便会少用脑，这容易让孩子产生依赖的性格，不管对孩子的智力发

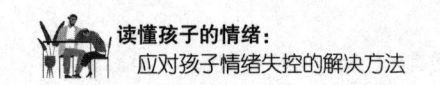

展还是自主能力、创造能力的培养都非常不利。因此，最好的办法不是要孩子听话，而是帮助孩子认识和判断什么行为是他自己应该做的，让其从中感受到乐趣。

孩子开始争辩，这是好的开端

受传统观念的影响，父母总会觉得小孩子见识少、阅历浅、不成熟，又是自己生养的，于是形成了"大人说话小孩子听"的定论。许多父母不允许孩子与大人争辩，他们奉行"父母之命"的教义，认为孩子只能对父母的话"言听计从"，是决不允许孩子与父母拌嘴、争辩的，否则就是"大逆不道"。

实际上，随着孩子进入成长期，他们的自我意识被唤醒，开始与父母争辩，这种争辩是一件有意义的事情。所谓争辩是指争论、辩论，是各执己见，互相辩论说理。这样做有利于思想沟通，父母和孩子可以通过争辩达成共识、解决问题。

德国心理学家安格利卡·法斯博士认为："隔代人之间的争辩，对于下一代来说，是走上成人之路的重要一步。"允许孩子适当争辩，有助于孩子摆脱无方向状态，可以使他们知道自己的能力和界限在何处。同时，争执可以让孩子变得自信和独立；他们在对抗中感觉自己受到重视，知道怎样才能贯彻自己的意志。争执也表示孩子正在走自己的路，他们注意到，父母并非总是正确的。

一位父亲表示很无奈：我自己是个教师，教学生从来不感到困难，但是教育女儿却不得要领。我女儿虽然聪明，但太好动，很顽皮，总是惹我生气。我一生气就对她劈头盖脸地呵斥、责骂，这种状态从小学持续到初中。

有一次，女儿又被我骂了一顿。骂过之后，我看了女儿一眼，不禁大吃一惊，发现她竟满眼充满了恨意。我隐隐感觉到，在教育孩子这件事上似乎出现了一些问题。果然，没过几天我帮女儿收拾房间，无意间发现了女儿写下的内心世界："今天我又被爸爸骂了一顿，为什么总是这样？从小到大，我在他面

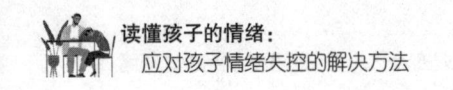

前好像只会受尽侮辱,我似乎从来没有说话的权利。不管是什么事情,不分青红皂白,总认定这就是我的错,最终我就是那个挨骂的对象。那一刻,我真的好恨,好恨这个家……"

看到女儿的内心独白,我意识到孩子大了,她也应该有自己的权利。或许,我是应该好好反省自己的教育方式了。

心理学家认为,争执可以帮助孩子变得自信和独立。在与父母争辩的过程中,孩子会感觉自己受到重视,知道应该怎样表达才能实现自己的意志。同时,争执也表明孩子自我意识的觉醒,正在试着走自己的路。争辩的胜利,无疑让孩子获得了快感和成就感,既让孩子有了估量自己能力的机会,也锻炼了他的意志力。

父母在教育孩子的时候,经常会遇到他回嘴、反驳、顶撞等情况。面对孩子的争辩,父母明智的做法就是给他争辩的权利,认真听取他的观点。这样,父母可以从孩子的争辩中了解他做出某种行为的背景、条件以及心理动机等,从而进行针对性的教育。

同时,让孩子争辩,也为父母树立了一面镜子。父母通过听取孩子的看法,可以检验自己的教育方法是否得当,说法是否在理。明智的父母不会把自己的意志简单地强加在孩子身上,而是会为孩子创造一个宽松、平等的氛围,允许孩子争辩。而在与孩子争辩过程中,父母应循循善诱,以理服人,不要简单地把孩子的争辩看作是对自己的不敬。

▶小贴士:

当孩子争辩的时候,父母应该怎样对待?

1. 允许孩子争辩

孩子争辩的时候,往往是他最得意、最来劲、最高兴、最认真的时候。允许孩子这样做,可以营造家庭的民主气氛,提高他各方面的能力,对孩子未来的生活和成长大有裨益。

2. 端正思想观念

父母应该树立一种观念，允许孩子争辩，这并不是什么丢面子的事情。那种认为一旦允许孩子争辩，他就会不听话，不尊重自己，与自己为难的想法是不正确的。孩子与父母争辩，对双方都是很有好处的。

3. 制订一定的规则

当然，孩子争辩是应该遵循规则的，也就是说，他不应该胡搅蛮缠、随心所欲，而是要在讲道理的基础上进行争辩。假如孩子违反了争辩的规则，父母自然应该加以制止。当然，父母是规则的制订者，因此在制订规则时要从实际出发，合乎孩子的情况，合乎一般的道理，否则，这样的争辩就是不合理的。

4. 给孩子说话的权利

对于许多父母而言，给孩子说话的权利并不能轻易做到。父母在教育子女的时候，往往是只能我说你听，哪里容得孩子争辩？所以，在给孩子争辩的权利时，父母需要克服自以为是、独断专行、只准说"是"、不准说"不"的单向说教思维模式，而采用尊重孩子、鼓励争辩、勇于认错、善于双方交流的思维方式。

5. 事后反思

假如孩子因叛逆而毫无理由地争辩，父母事后可以反思，到底是自己没有尊重孩子的意愿，还是孩子确实在胡搅蛮缠？假如是前者，父母需要反思自己，并作出改变；假如是后者，则可以仔细观察孩子这种行为背后的真实心理，了解之后予以相应的教育方式。

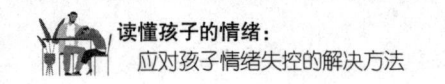

当叛逆期撞上更年期，父母如何和孩子相处

叛逆期是孩子生理发育上的突变期。这一时期，个体的生理发育迅猛，在一系列生理变化的推动下，个体的心理进入了飞速发展和变化的时期，特别是以智力的发展、自我意识的增强、性意识的觉醒和发展，以及情感的丰富和矛盾为特征。智力的发展和自我意识的增强，使孩子独立意识空前高涨，希望摆脱控制，要求自己做主。而性意识的觉醒和矛盾的情感体验，会让父母一时无法适应，本能地加强对孩子的控制，于是产生了亲子间的冲突。

有些父母是相当有家庭权威的，遭到孩子的挑战自然是不甘心的。特别是现在的独生子女，在小的时候，因为得到过多的宠爱，养成了坏脾气，到了叛逆期更是失控。而社会的快速发展令两代人的观念和行为方式的差距拉得更大，没办法互相认同，这使亲子之间更容易起冲突。这时，若父母也处于更年期，那么亲子冲突就会如火星撞地球，闹得不知如何收场。

13岁的小文很委屈："妈妈从去年开始就好像忽然变了一个人似的，每天疑神疑鬼，总是翻看我的手机、日记本、抽屉，每次说是帮我收拾房间，却总是把我的房间翻得乱七八糟。而且妈妈变得非常敏感，我在家说什么做什么，她好像都看不顺眼，还会莫名其妙地骂我一顿。有一次，同班一个男同学打电话向我问作业，我妈妈听见是男生就揪住不放，在电话里一个劲儿地追问人家的名字、学习成绩、为什么要给我打电话……我都快要崩溃了，我现在根本不想回家，不想跟妈妈生活在一起，只想走得远远的。为什么让我来看心理医生，我觉得她才应该看心理医生，我实在忍受不了跟她一起生活了。"

妈妈满腹委屈："我这样做难道错了吗？她这样的年龄正是学习的关键时期，她就不应该去谈恋爱，我是她妈，我不管她，谁管她？"

母亲和女儿都没有错，只是叛逆期遇上了更年期。母亲和女儿都处于情绪动荡的人生阶段，负面情绪的张力是极大的，一旦两者碰撞到一起，就会发生各种矛盾冲突。

叛逆期孩子表现叛逆，渴望自由、无拘无束、有自己的思想，而大多数更年期的父母焦躁、烦闷，遇到不如意的事情就脾气急躁。当孩子做错事或有让父母看不顺眼的地方，就会得到一顿责骂，甚至相互冲突、争辩。

父母的爱心需要体谅，孩子们尚未健全的心灵更需要保护。一旦孩子的自尊心、好胜心极强，愤怒、羞耻的情绪就会随之而来，轻则生气，重则离家出走。这会让更年期的父母难以理解：为什么我一心为他好，他却这样对我，还离家出走，我到底有哪里对不起他。

人与人之间最重要的沟通是理解。孩子把自己的想法说给父母听，父母也要配合孩子，给他们创造一个宽松的空间可以畅所欲言，不要给他们太多的压力。孩子毕竟是孩子，阅历尚浅，有许多方面还需要父母多包容，多谅解。

▶小贴士：

当叛逆期撞上更年期时，家长可以这样做：

1. 和孩子做朋友

父母毕竟是成年人，在家庭中处于主导地位，应率先从自己的言行上作出表率，发出和平的信号，赢得孩子的理解，平复孩子的情绪。父母要和孩子站在平等的角度上，学会和孩子做朋友，尊重孩子，信任孩子，给孩子适当的空间去做自己的事情。例如，进孩子的房间先敲门，不要追查孩子的电话和日记等；当孩子想要和同学们出去或者做一些自己喜欢的事情时，父母在保证孩子安全的前提下，可以问问孩子的需求，为他提供他所需要的帮助。

2. 学会倾听孩子的心里话

父母一定要学会倾听孩子，听听孩子在学校的趣事，听听孩子讲述自己的理想，说说自己的朋友、兴趣爱好等。父母应该站在孩子的角度，跟上时代发

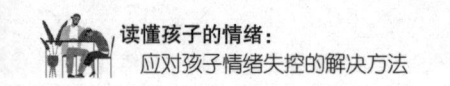

展的步伐，去了解孩子感兴趣的东西。这样做一方面有助于了解孩子的心理状态，另一方面可以找到和孩子更多的共同语言，建立沟通的桥梁。

3. 鼓励和支持孩子

父母要学会鼓励和支持孩子，多关注孩子表现良好的方面。不管大事小事，都需要在言语和行动上支持鼓励孩子。俗话说，好孩子都是夸出来的，不是挑剔出来的。一味地指责和挑剔，只能让孩子感觉到自己一无是处，对家感到恐惧和怨恨。

4. 不要总盯着孩子的成绩

父母不要总紧盯着孩子的学习成绩不放，紧张和焦虑并不利于学习成绩的提高，反而可能会导致孩子厌学。父母应允许孩子的成绩有起伏，鼓励和帮助孩子自己寻找解决问题的办法。孩子在学校里有老师每天监督学习，父母需要做的是在家为孩子创造一个轻松愉悦的成长环境。孩子心理健康、积极向上，父母又对孩子信任和支持，尊重和理解，孩子便会懂得应该做什么，怎么去做。

5. 与孩子签订协议

父母不妨和孩子签订一个小协议，相互约定几项具备可操作性的条例，积极地去执行。例如，当父母发现自己情绪不稳定或孩子情绪不稳定时，双方可以各自冷静一段时间之后，再心平气和地交流。允许孩子和父母犯错误，不过犯错误的一方需要及时向对方道歉，并争取下次改过。

6. 爸爸做好"和事佬"

母亲遇到叛逆期的孩子，这时就需要父亲在家庭当中充当重要角色。在母亲与孩子之间，父亲就是润滑剂和监督者，监督母亲和孩子遵从签订的协议，积极执行。毕竟，一个和谐温暖的家庭环境，可以很有效地平复叛逆期和更年期的动荡。

尊重孩子，先从尊重孩子的隐私开始

对父母而言，孩子一天天长大，生理一天天成熟，不过心理却极不稳定。让父母非常担忧的是，孩子自以为已经是成年人，渴望人格独立，经常对父母的询问三缄其口，日记上锁，和同学打电话也避开父母，很少与父母谈心里话。父母总想知道孩子为什么跟过去不一样了，他们担心自己的孩子因缺乏辨别力而误入歧途。当孩子不愿意开口的时候，父母了解孩子心理状态及交友情况最直接的办法就是看日记。

对孩子而言，他们认为自己已经长大了，有主见了，因此渴望独立自主，更希望得到别人的尊重和信任。他们喜欢独自思考问题，喜欢将秘密写在日记里。而且，孩子在这一时期已经明白，未成年人不愿意公开的日记应属于个人隐私。孩子知道父母偷看自己的日记，便会认为父母侵犯了自己的隐私，最终造成双方关系紧张。

女儿月月这学期上初一，从小学到初一，女儿在学校是同学、老师眼里的好学生，在家里是父母眼里的好孩子，学习、品行都没让爸爸妈妈操过心。但是，这学期开学不久，妈妈发现月月好像变了。每天回家，月月不再像以前稍微休息就开始写作业，而是喜欢照镜子，学习上也变得懒散了。不仅如此，女儿的学习成绩每况愈下，女儿到底是哪里不对劲儿了？妈妈内心很是苦恼。

问题的根源到底在哪里呢？尽管妈妈旁敲侧击，选择比较恰当的时机，想办法与月月沟通，但月月总是一副若无其事的样子，而且对妈妈说："妈妈，我平时不就一直是这个样子吗？"妈妈一直愁眉苦脸，直到有一天，为女儿月月整理房间时，她看到女儿的日记本放在床头柜上，妈妈不由心头一动，忍不住翻看了女儿的日记，不看则已，一看心惊：女儿喜欢上了班里的一个男同

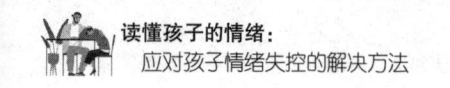

学。就在妈妈合上女儿日记本的时候，女儿走进了房间……

月月责怪妈妈侵犯了自己的"隐私"，是"违法行为"，而妈妈则气不打一处来，本来想对此事先冷静再说的妈妈忍不住骂了月月一通。最后，月月不但不认错，而且开始与妈妈较劲儿，一个月过去了，月月也没和妈妈说过一句话。妈妈又急又气，父母关心孩子，难道有错吗？

在案例中，月月妈妈不应该"见风就是雨"，青春期的女孩喜欢上某个异性同学并在日记里表达出来是很正常的，父母不应该与女儿正面冲突，而应该选择合适的时机因势利导。现在许多孩子有记日记的习惯，且把日记珍藏在抽屉里，有些甚至上了密码锁。这就会让父母与孩子产生隔阂，认为孩子有意回避自己。有的父母由于翻看孩子的日记，让孩子的自尊心备受损伤，因此，产生这种家庭矛盾的原因是双方的。

日记是孩子的隐私，父母确实不应该未经允许私自翻看孩子的日记。不过，当孩子不愿意开口说出自己的真实想法时，有时会在日记中有所表达。假如这时父母可以了解到孩子的内心世界和真实想法，然后作出有针对性的指导，对孩子来说是很有益处的。然而，需要提醒的是，这是一个十分严肃的行为，父母在实施之前必须慎重思考，否则，就会给孩子带来不可弥补的伤害。

▶ 小贴士：

那么，尊重孩子，父母要如何做呢？有这样几点：

1. 给孩子独立的精神空间

父母需要尊重孩子，避免用强迫、指责等消极方式对待孩子，给他一个独立的精神空间。父母需要花时间、有耐性，做个有修养的听众，用心倾听孩子的心声，走进孩子的世界，积极发现孩子的优点，并进行发自内心的赞扬。假如确实需要对孩子进行批评，也要私下进行。父母要花精力去了解孩子的需要，和孩子进行思想、情感、生活体验等各方面的沟通，这样，孩子心里有事肯定愿意告诉父母。

2. 有效增进与孩子之间的感情

孩子有较强的独立意识，父母可以利用吃饭等一家人围坐在一起的机会，一起回忆孩子小时候的趣事，建立孩子对父母的亲近感和信任感。周末可以与孩子一起逛街，在这个过程中淡化自己长辈的身份，尽可能让孩子带着自己玩，让孩子感到自己也可以对父母产生影响，从而缩小彼此之间的代沟，这样孩子才愿意对父母说出心里话。

3. 与孩子的老师建立积极联系

父母需要加强与孩子学校的联系，当发现孩子有什么异常行为时，可通过班主任、老师了解情况，并请他们帮忙做孩子的心理工作。孩子遇到困难，心理肯定会产生一些变化，而这些变化很容易就会表现在孩子的神情举止上。父母关心孩子，就会察觉到他心情上的变化，从而与他进行沟通，解决问题，这时就无须通过翻看孩子日记来了解他了。

4. 避免翻看孩子的日记

孩子发现父母在偷看自己的日记，会降低甚至失去对父母的信任感，不利于他的健康成长。如果父母确实不小心看了孩子的日记，也要向孩子说实话，并诚恳道歉。假如父母与孩子之间有一定的透明度，孩子有机会向父母展示自己，有机会请父母帮助自己，那才是教育的上策。

5. 尊重孩子隐私

父母要充分尊重孩子，不要过多控制他。侵犯孩子的隐私，只会造成他对人际交往的敏感，排挤周围人，情绪上容易波动。孩子不愿意被控制的心理会让他不停地反抗，回避问题，从而与外界隔离，这样下去父母就没办法与孩子交流，甚至失去孩子的信任。

6. 理解和支持孩子

父母要从心理上理解和支持孩子，心理上的关爱是父母给孩子最大的财富。适当地给孩子一定的空间，让他能自己解决问题，这也是锻炼孩子独立面对问题的一种方式。

第 5 章

胆怯情绪：
孩子总是胆小怕事，怎么办

为什么别的孩子"初生牛犊不怕虎"，自己家的孩子却畏手畏脚呢？心理学家研究发现，孩子胆小的问题与父母的教育有很大关系，往往是父母对待孩子的许多做法不正确，在方式方法上过于简单粗暴，处理过急，才造成了孩子的心理紧张。

不要拿你的孩子与其他孩子比较

一位8岁孩子的父母说,他们的儿子学唱歌时得到老师表扬,但他们提醒孩子不要得意,理由是还有更优秀的孩子。听到了父母这样的评价,孩子觉得很委屈。教育专家指出,许多父母看不到孩子的进步,总喜欢拿自己孩子的某个方面与更优秀的孩子比,结果是越比越不满意,还让孩子的压力与日俱增。其实,孩子最好是不要比的,即便是比较也要选择纵向比,而不是横向比。

最近,张妈妈觉得孩子的成绩有所下降,着急的她为了激发孩子的好胜心,忍不住数落孩子:"你怎么不争气呢,你看你同学丁丁多认真,听说这次考试他又是第一名呢,你要多向他学习,知道吗?"

"我觉得自己已经够努力了,你怎么能把我跟丁丁一起比呢,他每次都是第一名,依我说,他还是在原地踏步呢。"孩子不以为意地丢了一句话给妈妈,张妈妈没有想到孩子会这样说话,她也有点激动了:"妈妈这样跟你说,是因为许多小朋友都在努力,你当然要努力点儿,否则就落后了,到时候成绩下降了怎么办。""哎呀,哎呀,知道了,你别说了。"孩子不耐烦地咕哝了几句,就进了自己的房间。

父母在使用比较激励法的时候应该选择纵向比,而不是横向比。这里的纵向比就是比较孩子自身的进步,只要孩子比昨天多了些进步,那就是一种收获;横向比则是将孩子与同龄人进行比较,许多父母都用在某个方面更优秀的孩子与自己的孩子比较。这两种比较方法可想而知,前者会让你看到孩子的进步,后者会掩盖孩子的明显进步,更提升了父母的期望值。孩子会在纵向比中增强自信心,却会在横向比中丧失信心而变得自卑,所以,父母要关注到孩子

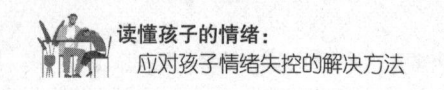

每一个细小的进步，要学会使用纵向比而不是横向比。

> **小贴士：**

那么，当孩子有不足之处时，父母应该怎样做呢？可参照以下几点：

1. 看到自己孩子的优点

许多父母对孩子的缺点数落不完，一旦被问到孩子的优点，却支支吾吾，半天说不上几个来。其实，这就是由于很多父母只看到了孩子的缺点，而没有看到孩子的优点。即便是孩子有了一个优点，父母也会横向比较，觉得孩子比更优秀的孩子还是有差距，这样的心理会促使过高的期望值模糊了父母的眼睛。所以，父母应该看到孩子的优点，只要孩子显露出了一个优点，那就是值得赞赏的地方。

2. 孩子细小的一步，也是值得称赞的一大步

与同龄最优秀的孩子相比，可能自己的孩子总是显得不那么突出，方方面面都差了一点儿。但是，比起孩子昨天的表现，你的孩子是否已经迈出了小小的一步呢？可能他以前英语成绩不及格，但现在能跨过及格的大关，虽然他离优秀还有一段距离，但是孩子的进步却是显而易见的，因而这也是值得称赞的。父母要善于去发现孩子每一天的进步，可能他今天变得有礼貌了，懂得了尊重他人了，开始学会关心妈妈了……这些点点滴滴的进步看起来微不足道，却是孩子做出的努力，所以，他们都值得每一位关心孩子成长的父母大力赞赏。

3. 设置合理的期望值

对孩子不满意的根源，就是父母有着过高的期望值。大多数父母会关注到别人孩子的成绩，继而对自己孩子不满意，这就是典型的横向比较。教育专家指出，父母总是对孩子不满意，可能会引发孩子的心理问题，当孩子所承受的心理压力过大却又找不到释放的渠道时，就很容易出现问题。这时候，父母要改变观念，好孩子的标准是既要学习好，又要身心健康，人格健全。父母要降低自己的期望值，赞美孩子的点滴成就，平等地与孩子进行沟通，尽可能

地避免使用刺激性的语言来伤害孩子。

4. 用发展的眼光看待孩子

父母应该用发展的眼光看待孩子，允许孩子犯各种错误。不过，父母要及时帮助孩子改正，不要等之后自己想起孩子以前所犯过的错误，才旧事重提地开始教育孩子，这其实违背了教育的及时性。而且此时，无论父母再怎么说，孩子也不会听你的。

5. 等待孩子慢慢成长

父母要学会等待孩子的成长，孩子毕竟还很小，他的想法不可能跟大人一样，父母要允许孩子有自己的想法、做法。有时孩子达不到父母所设定的理想层次，那是因为他们毕竟还小，等孩子长大了，见识多了，他们就会慢慢地纠正以往那些不足的地方。

6. 了解孩子的想法

父母要学会和孩子共同探讨一些问题，从而了解孩子的想法，引导孩子的思维，同时激发孩子对知识的渴望。父母应允许孩子有一些稀奇古怪的想法，让他自己去找资料来验证，或者给孩子提供资料。

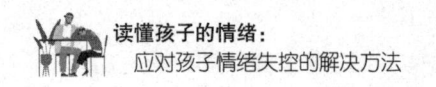

不要用"你真没用"来评价孩子

一位孩子在网络上提问:"我从来没有感受过爱,总是被父母恶言讽刺,感觉自己每天都很压抑,我该怎么办?"

"你真没用!"可能许多父母都这样讽刺过孩子,或许大人只是随口一说,或者是开玩笑,不过在孩子看来,这就是讽刺和挖苦。有些父母性格比较急躁,往往看到孩子没有完成某件事情的时候,就开始说"你怎么这样蠢""你怎么这样没出息"之类的语言,父母或许只是恨铁不成钢,或者无心唠叨,不过这对孩子来说却是异常的刺耳。

嘲笑讽刺本身就是刺伤他人自尊心的利剑,即便成年人听了也难以接受,更别说一个天真的孩子了。孩子自尊心更脆弱,也更容易受伤,如果父母以成年人的视角看待孩子的幼稚,哪怕是开个玩笑"你唱歌不怎么好听啊",孩子听了也会当真,很难过,更别说要以嘲笑讽刺的语言去打击他。讽刺的语言摧毁了孩子的自信,重创了孩子幼小的心灵,时间长了,孩子的自信心越来越差,最终形成懦弱、胆怯的性格。

小俊觉得自己是一个笨小孩,因为爸爸也是这样认为的。

小俊正在上小学,有时一想到考试就会害怕起来,但是他确实已经尽力了。每天认真听课,也很少出去玩,节假日除了参加学校的补习班之外,就在家里看书写作业。不过,小俊的努力从来没有获得爸爸的赞赏,反之,他从爸爸那儿所听到的经常是不满的训斥:"你怎么这样没出息""你怎么一点儿没遗传到我的聪明才智呢,我以前读书都没你这样差""我对你真的彻底失望了"。

有一次,小俊语文考试成绩下来了,当他把成绩单拿给爸爸签字时,爸爸指着出错的地方，说："你看你又犯傻了吧，不仔细读题，你这笨脑袋啊！"小俊听了非常沮丧，一连好几天都不想和爸爸说话。尽管小俊的体育成绩比较好，不过爸爸却说："你要是语文、数学成绩优秀就好了，可惜是体育，这简直是四肢发达、头脑简单。"小俊听了十分伤心。

父母那些讽刺挖苦的话，对一个心智不成熟的孩子来说，将是伴随一生的阴影。而且这样的话会让孩子产生负面的自我暗示：反正我没出息，就是什么也做不好，那我何必要好好做呢，不如破罐子破摔。其实，孩子由于经验不足，做错事是很正常的，父母需要做的就是帮助孩子找出原因，鼓励孩子做得更好。

心理学家认为，父母否定性的评价比肯定性的评价留给孩子的印象更深。因为否定性评价常常发生于沮丧或急切的情况下，有很强劲的冲击力，所以孩子记得更深刻。通常情况下，孩子的个性还没有完全形成、自尊心还没有强到可以不在乎别人的评价，这时父母的讽刺往往会对孩子产生严重影响，在孩子潜意识里留下很深的阴影。各种嘲笑讽刺会在孩子内心深处扎根，次数越来越多，这些否定性评价就会渐渐成为孩子自我评价的标准，使自己真的成为父母所说的那种孩子。

有时候父母无心的嘲笑，就好似无心的催眠，这样的催眠每天都在发生，且深入孩子的无意识层面，孩子便会按照父母所说的那样发展，于是孩子性格中的软弱、自卑、胆怯会伴随而来，甚至一生都无法摆脱。

还有的父母对孩子太挑剔，总是对孩子处处不满，稍有不如意就唠叨不停，看不到孩子身上的优点。这就导致他们在训斥孩子时有较强的侮辱性，大大地伤害了孩子的自尊心、自信心，也导致亲子关系变得冷漠。

▶ 小贴士：

那么，父母如何才能与孩子建立良好的亲子关系呢？有这样几点：

1. 尊重孩子的一切

即便是成人也不喜欢别人强迫自己，更不希望自己的人生不自由。那么，对孩子来说何尝不是如此呢。孩子学什么专业、想考什么学校,都应该是他们自己的选择,父母只能引导,不能强迫,更不能一厢情愿地将自己的梦想强加给孩子,这样只会给孩子带来莫大的压力。

2. 珍惜孩子的爱

爱是孩子向父母表达的一种情感,父母要十分珍惜,并及时给予回应,如"宝贝,我也爱你"。或者给孩子一个拥抱,让孩子真切地感受到父母的感动。别总是冷漠地对待孩子,这样时间长了,孩子会自动疏远父母。

3. 宽容孩子的失败

父母总希望自己的孩子能更优秀一些,不过要考虑到孩子的实际情况。当父母的期望值太高,孩子达不到时,父母就会产生悲观失望的情绪,从而对孩子口出嘲笑之语。其实,父母的这种做法是不对的。每个孩子的成长都是一个循序渐进的过程,父母需要根据孩子的实际情况调整自己的期望值。即便孩子考得不好,也不要训斥孩子,而要倾听孩子的诉说,与孩子一起总结反思,找出失败的原因,以便于下次获得更大的进步。

4. 每天表扬孩子一次

有一句话是这样说的:如果你可以发现孩子身上的十个优点,那你就是优秀的父母;如果你可以发现孩子身上的五个优点,那你就是合格的父母;如果你在孩子身上连一个优点都发现不了,那你就应该下岗了。每天在孩子身上发现一个优点,然后表扬他,这样会让孩子快速建立自信。

5. 训斥孩子之前先冷静

父母训斥孩子时说出一些侮辱性的话语,通常也是一时冲动,之后经常会后悔。性格冲动的父母不妨给自己立一个规矩,情绪激动要训斥孩子时不妨先冷静一下,理智面对事情,避免因说出伤害孩子的话而后悔不已。

6. 多建议,少嘲讽

如果是孩子不小心犯下的错误,父母需要多建议,少嘲讽,和孩子一起分析原因，告诉孩子下次需要多加注意，让孩子找到错误的原因。父母应该记住，给孩子建议并且引导他们找出错误的原因，这样才能让孩子改正错误，进而赢得进步。

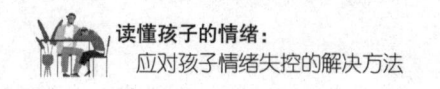

孩子的勇敢来自家庭的鼓励

实际上，孩子的胆怯是家庭教育的"副产品"，很多父母总是担心孩子吃苦受累，不让孩子做这做那，这就是孩子形成胆怯心理的主要原因。生活中，我们经常会看到一些孩子，见生人就哭，不敢自己去做事，处处需要大人陪着，这样的孩子常被评价为胆小怯懦。

小明从小在爸爸妈妈身边长大，不过由于爸爸妈妈工作比较忙，小明每天只由年迈的奶奶带着。小明从小调皮、爱动、脑子转得快，经常跑出去玩，年迈的奶奶总是追不上。奶奶担心孩子摔倒，于是经常吓唬小明说："你再跑就让收破烂的把你给收走。"

有一天，小明跑远了，看不见奶奶，他大声地哭了起来。这时正好来了一个骑三轮车的叔叔说要把他送回去，小明以为是收破烂的要把自己带走，吓得使劲地大哭，直到晚上睡觉时还在哭。

从此以后，小明就变得十分胆小，不敢自己在屋子里玩，处处都十分小心。不过他在家里又非常调皮，经常会犯些小错误，这时爸爸就会批评他。为了逃避批评，小明竟然慢慢学会了撒谎。对此，爸妈很是担心，面对如此胆怯的孩子该如何是好呢？

心理学家认为，孩子的胆怯心理是由多方面原因造成的。

首先，孩子的生活圈子太小，有的孩子平时只生活在自己的小家庭里，尤其是由爷爷奶奶照看的孩子，很少出去玩，很少接触外人，他们的依赖性较强，无法独立适应环境。

其次，父母喜欢吓唬孩子，有的孩子在家里不听话，如哭闹或不好好吃饭时，父母就用孩子害怕的语言吓唬他，如"再哭就把你扔在外面，让老虎吃了你""泥土里有虫子咬你的手"。如此恐吓孩子，会让孩子失去安全感，进而形成胆小怯懦的性格。

最后，父母在日常生活中对孩子有过多的限制。例如，去公园玩耍，不让孩子去爬山，不让孩子去湖边玩，造成孩子不敢从尝试与实践中获得知识、取得经验，而这也会让孩子形成胆怯的性格。

▶ **小贴士：**

面对胆怯的孩子，父母可以这样做：

1. 鼓励孩子多参加活动

父母应有意识地为孩子创造外出与他人交往的机会，尤其是在家里由爷爷奶奶或外公外婆养育的孩子，更需要从家庭的小天地里解放出来，经常到公园和其他公共场所去，多接触、认识、熟悉更广阔的世界。父母可以带孩子走访亲友，或去外地旅行，开阔他们的视野，并让孩子和小伙伴们一起游戏，和大家一起参加活动，一起结伴买东西等，从而锻炼孩子的胆量。

2. 帮助孩子提高认识

孩子的胆怯大部分是后天形成的，父母要端正思想，按照孩子的年龄和实际情况，给予积极正确的引导，帮助孩子丢掉"怕"字，同时告诉孩子，胆小的人是什么事情都做不好的，让孩子主动改掉胆小怕事的行为。对于孩子已经存在的胆怯心理，父母可以通过引导让孩子改变。例如，孩子怕生人，当有客人到来时，父母应让孩子与客人接触，并鼓励他在客人面前讲话。这样一回生二回熟，孩子的胆怯心理会慢慢改变。

3. 培养孩子勇敢的精神

父母可以经常讲一些有关勇敢的故事，平时要多观察孩子，当他遇到困难时，及时地帮助、鼓励孩子去战胜困难。父母可以对孩子进行胆量方面的训练，如在感觉训练中加大训练强度，慢慢锻炼孩子的胆量。

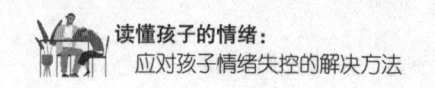

4. 交给孩子一些任务

父母可以有目的地交给孩子一些可以完成的任务,限时间完成。例如,假期可以让孩子独立坐公交车去附近的朋友家,在这个过程中让孩子自己去锻炼,去克服困难,父母要给予鼓励、指导和帮助,同时可以悄悄跟在孩子身后,保证孩子的安全。当孩子完成任务时,父母应进行表扬,帮助孩子树立信心。

5. 与孩子平等对话

父母与孩子的交流是多方面的,如果孩子怕黑,父母可以在全家人看电视时把灯关上,让孩子慢慢适应黑暗。假如孩子害怕陌生人,父母可以有意让孩子去参加一些宴会或活动等。

你是不是经常说"你要再这样，我就把你送走"

生活中，每当看到孩子不听话，父母就忍不住恐吓孩子，习惯性地说：你再这样，我就不要你了；你再这样，我就把你送人；你再这样，就给我滚出去……但是，这样的恐吓有效果吗？孩子只会在一次又一次的恐吓中丧失自信，变得胆小，从而失去对父母的信任感。

纵观许多父母的教育方法，就会发现恐吓孩子是一种十分普遍的现象。父母们为了不让孩子去拿某些东西，或者是想让孩子按照自己的想法去做一件事，常常会采用一些夸张的方法来吓唬孩子，动不动就说"你再这样，我就不要你了"。

晓东平时有些调皮，父母觉得难以管教，就经常以恐吓的方式教育："你再不听话，我就不要你了""你再捣乱，我就把你扔出去""你再这样，爸爸妈妈就走了，把你丢在这里"。

有一次，晓东坐在车上，半个身子都伸出车窗了，妈妈训斥也不管用，就动手打了他，结果晓东哇哇大哭，这时妈妈又开始恐吓："别哭，再哭，就把你扔下车。"晓东依然哭个不停，爸爸把车停下来，真的把晓东扔下了车，又开车走了一小段，直到晓东不再哭了，才掉头回来把他抱到车上。这时受到惊吓的晓东紧张不已，尽管全身还在发抖，但已经不敢再发出声音，担心爸妈又把自己丢下。

父母的恐吓给晓东的身心将带来很大的伤害，长时间这样只会让他的内心越来越脆弱。大多数父母的恐吓教育方式依然根深蒂固：父母若不想给孩子买某种零食，就说"这是药，吃了肚子会疼"；如果父母想让吵闹的孩子安静下来，就会说"再闹就让警察把你抓走"；如果父母不想让孩子去触摸某样东

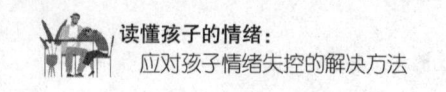

西，就会说"不要摸，别人会骂的"。

父母的恐吓对孩子只能起到短暂的威慑作用，但在孩子心中留下的阴影却是永久的，那些受到恐吓的孩子内心会留下深刻的阴影，甚至是在长大之后也难以磨灭。大量数据显示，大部分人的心理疾病都是由于幼年时期所遭受的一些恐吓，或者特殊的童年经历。父母在对孩子恐吓的时候，根本没考虑过对孩子造成的伤害。

通常，父母会用这四种方式来恐吓孩子：

1. 用警察恐吓孩子

父母们常用的手段之一，就是用威严的警察形象来恐吓孩子，这种方式或许可以取得立竿见影的效果，但造成的负面影响是不容忽视的。假如孩子在幼年时期经常被父母用警察来恐吓，那一定会在心中留下对警察惧怕的心理，当孩子遇到困难时，可能会不敢向警察求助。

2. 用鬼怪恐吓孩子

估计许多父母都用鬼怪吓唬过孩子，在孩子不听话的时候，父母就会搬出各类鬼怪，说"你要是再不听话，一会儿鬼怪就来把你抓走"。对年幼的孩子来说，鬼怪的威慑力是很大的，他们无从辨别真伪，一般都会相信。不过，一旦恐吓起了作用，孩子就会经常去想象鬼怪是什么样子，以至于越想越害怕，变得胆小，最终导致一些心理疾病。

3. 扭曲常理来恐吓孩子

有时候父母可能是想要捉弄一下孩子，便通过扭曲常理来恐吓孩子，不过这会颠覆孩子对这些事物的正确认知，轻则闹出笑话，重则引起一些误会。所以父母不要随便扭曲常理，以免造成孩子错误的认知。

4. 说孩子是捡来的

这是许多父母喜欢用的方式，通常在孩子调皮的时候，父母会说孩子不是自己亲生的，或者"我不要你了"。尽管这样的话听起来可笑，但对孩子的影响却是巨大的，父母在孩子眼里就是全部的安全感，如果父母总说这样的话，很容易给孩子造成心理阴影。

> **小贴士：**

父母的恐吓行为给孩子带来的负面影响主要有以下几点：

1. 孩子缺乏自信

父母的恐吓会让孩子认为自己一无是处，让孩子变得自暴自弃并产生自卑感。本来孩子可以做好的事情，却故意不去做甚至故意破坏，这样孩子长大之后胆小怕事，缺乏自信，自卑感越来越强烈。

2. 孩子感到恐惧

幼年时期的孩子神经尚未发育完善，经常恐吓会超出孩子的承受能力，这样会使孩子精神非常紧张、恐惧，甚至引发精神方面的疾病。

3. 孩子感到自己被抛弃

父母经常恐吓孩子，对孩子说"再不听话，我就不要你了"。尽管父母的初衷只是想吓唬孩子，不过孩子会信以为真，从而长时间处于一种紧张恐惧的心理状态中，感觉随时会被父母抛弃，进而形成性格上的抑郁。

4. 让孩子产生逆反心理

有的孩子性格很倔强，父母越是恐吓，他越是会与父母反抗，叛逆心理特别强烈。有些父母认为孩子不听话，就通过恐吓来让孩子改正，殊不知对于那些倔强的孩子来说，越恐吓逆反心理会越严重。

5. 让孩子产生仇恨心理

经常恐吓孩子，年龄小的孩子一般不会产生仇恨心理，但大一些的孩子都十几岁了如果还经常被恐吓，孩子随着年龄的增长就会在心理上与父母渐渐地疏远，甚至会发展出仇恨。

6. 让孩子产生心理阴影

父母经常说"恐吓"的话，会带给孩子不可磨灭的童年阴影，让孩子缺乏安全感。这个问题会伴随孩子一生，在孩子的人生路和家庭生活中产生不良影响。

第6章
自卑情绪：
驱赶孩子内心自卑的雾霾

自卑是一种性格缺陷，而一个人自卑性格的形成往往源于儿童时代。无疑，自卑对儿童的心理健康将产生负面影响，更对一个人身、心两方面的正常生长起消极作用。因此，父母要驱赶孩子内心自卑的雾霾，让孩子从丑小鸭变成白天鹅。

告诉孩子善于从错误中反省，从改进中获得自信

海涅曾经说："反省是一面镜子，它能将我们的错误清清楚楚地照出来，使我们有改正的机会。"自我反省就是常常冷静地思考自己的言行，寻找自己所作所为中存在的不足和错误。

一个人不断地取得进步，就在于他能够不断地自我反省，善于认识到自己的缺点和不足之处，并及时采取措施进行弥补。自我反省是一种良好的行为习惯，也是每一个处在成长期的孩子所需要具备的一种良好习惯。

如果一个孩子不懂得自我反省，他就会一次又一次地重复相同的错误，在原地踏步，难以取得进步。相反，如果孩子懂得自我反省，他就会认真思考自己身上的不足之处，会更加注意，下次绝对不会犯同样的或类似的错误。

有一位家长这样反映，孩子每次考试失利了，都不懂得反思自己存在的不足，反而一味地抱怨"这次老师改卷子太严了，不然那两分都不会被扣""这次真倒霉，我随便蒙了一个答案都错了，只能说我运气太差了"。如果我说："难道你自己就没原因吗？"孩子则会一脸无辜地表示："我最大的原因就是太认真了。"

有时候带着孩子出去，因为孩子拖拖拉拉没能坐上早班公交车。这时孩子会抱怨："司机叔叔怎么这样不负责任，没看到我在后面招手吗？肯定是故意不等我的。"有时候看到孩子这样不懂得自我反省，每次都是胡乱找借口，我真的好担心。

爱默生曾说："人类唯一的责任就是对自己真实，自省不仅不会使他被孤立，反而会带领他进入一个伟大的领域。"小孩子总是习惯性地为自己找借口，害怕承认自己的错误，这时候就需要父母有意识地培养孩子养成自我反省

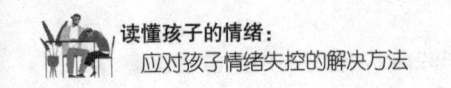

的良好习惯，鼓励孩子对自己的行为进行反思，看看自己的所作所为是否违背了社会规范，是否存在着种种不足。自我反省的习惯对于孩子一生的发展都有着积极的意义，所以，父母应该在家庭教育中有意识地鼓励孩子自我反省。

▶小贴士：

那么，父母要如何帮助孩子进行自我反省呢？

1. 父母做好榜样

孩子的模仿能力很强，父母的言行会成为他们模仿的对象。在日常生活中，父母要做好榜样，即便是父母犯了错误，也要自我反省，这样会给孩子树立良好的榜样，有利于培养孩子优秀的自我反省能力。有的父母认为自己毕竟是大人，做错了事情羞于认错，而且认为在孩子面前认错是难为情的事情，也有损自己的威严。其实并不是这样，父母做错了也要敢于承认，及时进行自我反省，特别是在孩子面前，这样才能积极地影响孩子。例如，有时候父母也会误会孩子，这时候，不要试图在孩子面前敷衍了事，而应该真诚地向孩子道歉。

2. 让孩子以平常心面对批评

虽然在很多时候我们都提倡鼓励教育，总是说"好孩子是夸出来的"，但一味地鼓励与夸奖也不会培养出好孩子。另外，如果孩子经常得到表扬，时间长了，他就很难接受别人的批评了。因此，批评与赞赏一样，都是必要的教育方式。当然，无论是赞赏还是批评都应该是适当的，父母不要大声斥责，只需要让孩子知道自己错在哪里就可以了。父母要正面引导孩子坦然接受别人的批评，以"有则改之，无则加勉"的心态来接受批评。

3. 理智对待孩子的错误

孩子犯了错之后，父母不要对孩子横加指责，而是应该允许孩子做出解释，当父母了解了事情的真相，只需要平静地指出孩子的错误，引导孩子进行自我反省。这样就可以激发孩子想纠正错误的行为，在以后的生活中，孩子就会少犯或者不犯类似的错误。有的父母在孩子犯了错以后，往往会耐不住性子，责骂孩子，实际上这样很不利于孩子自我反省能力的提高。父母千万不要一上来就斥责、恐吓孩子，这样只会让自己的暴躁脾气扼杀了孩子的自我反省能力。父母只有冷静理智地对待孩子的错误，才能培养孩子自我反省的习惯。

4.培养孩子"每天自省"的良好习惯

曾子曰："吾日三省吾身：为人谋而不忠乎？与朋友交而不信乎？传不习乎？"父母可以引导孩子每天都反思一下自己的所作所为，总结一下自己的行为表现，判断自己有哪些是做得不对的，哪些是需要改进的，且应该怎样改正和挽回那些错误，让孩子养成这样一种习惯。时间长了，孩子就不会犯同样或类似的错误，而且也能够分辨是非真伪了。

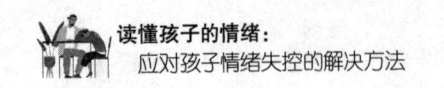

孩子的自信是父母给的

其实，影响孩子情绪的都是一些日常生活中的小事情，如果父母能够引导孩子换一个角度去看待它，也许就没有那么悲观消极了，孩子也会以积极乐观的心态来面对生活。对于正在成长中的孩子，乐观具有深远的意义，它会渗透孩子的一生，影响孩子一生的幸福。乐观的心态可以激发孩子采取行动的强烈动机，也可以给孩子提供充满勇气、战胜困难的力量。在家庭教育中，父母要做的就是给予孩子希望和乐观的心态，让孩子能够带着积极乐观的心态走向远方。

这些天一直下雨，萌萌几乎一个星期没有外出活动了，萌萌开始对妈妈抱怨："春天来了怎么还这么冷啊？这雨老是下，下得我心里好烦。"说完，烦闷地扔了正在玩的小汽车，听了萌萌的话，妈妈很没好气地说："你一个小孩子，烦什么？有什么可烦的。"萌萌一脸不悦："哎呀，你不懂啦！"

每天早上，妈妈骑自行车去送萌萌上学都要经过一个十字路口，可是，每次经过那里的时候几乎是红灯。时间长了，萌萌就开始抱怨："妈妈，我们怎么每次都这么倒霉，没有一次是遇到绿灯。"妈妈叹了口气，心想：这孩子怎么看什么事情都不顺眼呢？

一位教育专家曾说："培养笑容就是培养心灵。把孩子培养成面带笑容的孩子，就是把孩子培养成为乐观、进取的人的最重要条件之一。"乐观的心态和自信的笑容，对于任何一个人来说都是不可或缺的财富。父母在培养孩子的心理素质和性格的过程中，乐观心态的培养是一个必不可少的基本成分。

孩子乐观开朗的性格并不是天生的，所以，父母的教育和培养对孩子养成乐观的性格是十分重要的。孩子的乐观心态首先源于父母，源于家庭，所以，培养孩子乐观的心态，就要先从父母自身做起。

▶ **小贴士：**

那么，培养孩子乐观的心态，父母该怎样做呢？

1. 营造快乐自信的家庭氛围

一个自信乐观的家庭，总是能够培养出言行乐观的孩子，因为父母总是能够为孩子营造出积极乐观的氛围。也许，有的孩子天生就比较乐观，但有的孩子则相反。一些心理学家认为乐观的心态是可以培养的，即便孩子天生不具备乐观的心态，也可以通过后天来培养。因此，培养孩子乐观的心态，就需要父母为孩子营造出快乐自信的家庭氛围，让孩子快乐地学习、生活，教会孩子正确面对批评和挫折，帮助孩子克服悲观情绪，多给孩子鼓励与赞赏，多给孩子温暖与笑容，这样孩子就能逐渐形成乐观开朗的性格。

2. 父母要崇尚乐观主义

孩子的模仿能力极强，他可以把父母的优点和缺点一起吸收。如果父母是悲观主义者，孩子就会受影响，以悲观的态度来看待问题；如果父母希望孩子以乐观的态度来看待问题，就要改变自己的思想和行为习惯。父母不仅要在孩子面前表现出乐观的心态，更重要的是在工作和生活中处处表现出乐观的心态。

3. 让孩子以乐观的态度看问题，培养孩子多方面的兴趣爱好

一个孩子的成长健康与否，与他的心态有很大的关系，孩子良好的心态会给他带来健康的身体、健全的人格。如果父母能够有意识地培养孩子广泛的兴趣和爱好，就可以让他对生活充满向往，对未来充满期待。父母要鼓励孩子去做有兴趣的事情，对于他不感兴趣的事情，父母不要勉强，可以尽可能地让他自由发展，让孩子参加集体活动，感受来自同伴的积极压力，将孩子的锻炼与兴趣结合起来。孩子拥有越来越多的成就感，就能极大地增强自信心，逐渐形成乐观的心态。

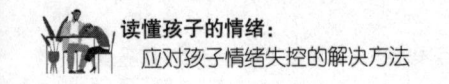

4. 换一种角度向孩子解释事情的真相

有时候，当事实无法改变的时候，父母可以给孩子不一样的说法。当父母对孩子说："现在爸爸要起草一份材料，爸爸的工作很忙。"这样会让孩子觉得爸爸很能干，工作也很重要。如果父母对孩子说："真烦，爸爸还得起草一份麻烦的材料。"孩子会觉得爸爸是不情愿写材料，但又不得不写，这就给孩子留下了负责印象。

著名教育学家塞利格曼曾说："父母教育孩子的方式正确与否，显著地影响着孩子日后性格是乐观还是悲观。"所以，父母一定要传达给孩子积极乐观的情绪，让孩子在乐观中找到生活的自信，让孩子以乐观的心态去看待身边的每一个问题。

5. 不要在孩子面前表现难过的情绪

父母不要因为孩子一时的挫折就表现出难过的情绪，如孩子成绩下降了，父母若是表现得过分紧张和难过，就会影响到孩子的情绪，增加孩子的心理压力。所以，不要在孩子面前过多表露出难过的情绪，也不要对孩子的受挫进行处罚、挖苦以及责骂，父母不妨以幽默的方式，尽可能地把自己的乐观情绪传达给孩子。

挫折教育，让孩子不断历练出强大的内心

现在的孩子大多数都是在万千宠爱中长大的，在他们身上显现出任性、脆弱、自我、依赖性强、独立性差等特点。随着社会的进步，经济的发展，孩子们的生活条件越来越优越了，但是，他们在享受优越条件的同时，却像极了温室里的花朵，经不起外界的风吹雨打。

这时候，如果不进行适当的挫折教育，他们的性格就会越来越懦弱，心理承受能力也越来越差。这一问题值得引起每一位父母重视，因为孩子只有不断地经受挫折的磨炼，才能够勇敢坦然地迎接未来的挑战。

前两天的一个晚上，女儿幼儿园的朋友，同时也是我朋友的女儿，到我家里玩。女儿和她的朋友一起画画，我看到那小朋友画得不错，就表扬了一句："小姑娘画的房子真漂亮。"女儿听到后，不高兴地走到另外一个房间，我没理她。这时那个小朋友说要玩玩具，我就把女儿平时玩的积木给了她，女儿过来看到了更加不高兴了，又走了，直到客人走了，女儿也没从房间里出来。

后来，女儿莫名其妙就哭了，哭得很伤心，我问她为什么，她说："你说她画得好，但我也画得很好啊，你为什么不表扬我呢？我要做一个不听话的坏孩子。"我愣了，女儿又很委屈地说："你拿玩具给她玩，不给我拿。"我解释说："因为她是客人，所以妈妈拿玩具给她玩。"女儿委屈地说："可我是你的女儿，为什么你不拿给我呢？"

在家庭教育的过程中，出现了一个十分突出的矛盾，那就是孩子的生活和受教育条件越来越好，但孩子们的身心承受能力却越来越差。有的孩子甚至因为受批评而选择离家出走，其中的关键原因就是孩子的生活太顺利了，缺乏相应的挫折教育。

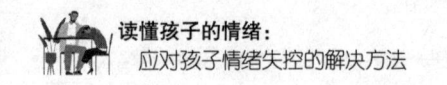

> 小贴士：

那么，父母该怎样对孩子进行挫折教育呢？

1. 对孩子要多肯定与鼓励

当孩子遇到挫折困难的时候，父母应该及时地肯定和鼓励孩子，给予孩子安慰和必要的帮助，使孩子不至于感到孤独无助。这时候，父母不要用一些消极否定的语言来评价孩子，如"你真是太笨了，这么简单的事情都做不好""做不好就不要再做了"等，这些话会强化孩子的自卑与挫败感，下次再遇到挫折与困难，他就没有信心去面对了。此外，父母可以采用一些积极肯定的评价，给予孩子自信，使孩子意识到自己的努力是受到肯定和赞扬的，没有必要害怕失败，继而逐渐学会承受和应对各种困难与挫折。

2. 引导孩子正确对待挫折

小孩子对周围的人和事物的态度往往是不稳定的，他们容易受情绪等因素的影响。因此，他们在遇到困难与挫折的时候，往往会产生消极情绪，不能正确地面对挫折。这时候，需要父母及时地告诉孩子"失败并不可怕，只要勇敢向前，一定能做好的"，也需要父母有意识地让孩子把失败当作一次尝试的机会，引导孩子重新鼓起勇气再次尝试。同时，父母还应该教育孩子勇敢地面对挫折与困难，增强抗挫折的能力。

3. 给孩子适当的压力

父母可以把适当的压力交给孩子，让他自己来处理，让孩子适应人生阶段性的挫折，并从挫折中找到解决的办法。如果孩子感觉压力太大，父母可以帮助孩子进行心理疏导，但绝不能大包大揽，让孩子觉得压力是与自己无关的。有的父母对孩子的赏识教育过头了，让孩子觉得自己是世界上最好的、无往不胜的，于是无法承受批评和失败。这样不能接受批评、不能承受压力的孩子，他们在未来的生活中也可能会是充满着痛苦的，甚至有可能被压力所伤害。

4. 对孩子适当地批评

批评和表扬一样，都伴随着孩子的一生。有的父母怕孩子受委屈，即便是孩子做错了事情，也从来不说孩子的不是，这样时间长了，就使孩子养成了只听得进表扬，而不能接受批评的不良习惯。其实，父母应该让孩子认识到每个人都是有缺点的，有的缺点可能是自己不知道的，但别人很容易发现，只有当别人在批评自己时，自己才知道错在哪里。这样能让孩子明白有缺点并不可怕，只要勇于改正就是好孩子。

5. 挫折教育也需要顺应孩子的个性

任何教育都要考虑到孩子的心理特点以及个性特点，不同的孩子面对挫折教育会表现出不同的心理。所以，父母对孩子所进行的挫折教育也需要因人而异。有的孩子自尊心比较强，爱面子，遇到挫折就很沮丧，对这样的孩子父母不要过多地批评，点到为止即可；有的孩子比较自卑，父母要多安慰少指责，善于发现他们的闪光点。另外，父母还要有意识地依据孩子的抗挫能力进行教育，有的孩子能力较强，父母只需适当地启发，放手让孩子自己去解决问题；有的孩子能力较弱，父母可以帮助制订一定的计划，让孩子不断地看到自己的进步，继而逐渐发展克服困难和挫折的能力。

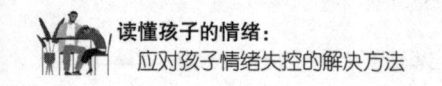

循循善诱，多夸奖你的孩子

怎样教育好孩子，对每一位父母来说都是很棘手的问题，尤其是面对逐渐变得叛逆的孩子，许多父母真是没辙了。骂也骂了，可就是不见效果，孩子总是不听话。随着年龄的增加，孩子越来越叛逆，凡事都喜欢和父母唱反调，而且你越是骂，他就越嚣张。有父母抱怨"我已经管不了他了"，难道问题真的那么严重吗？

小豆子刚上小学一年级那会儿，每次放学回家都不认真写作业，妈妈大声斥责，小豆子也一副无所谓的样子，这可把妈妈惹生气了，她忍不住训斥了孩子。最后，小豆子老老实实地坐在那里写作业了，可是，当妈妈检查作业的时候，发现字迹潦草，还有好几处都出现了不应该的错误。看到这样的结果，妈妈很生气，又开始训斥小豆子……

时间长了，妈妈发现小豆子越来越不听话，他总是调皮捣蛋，不认真完成作业，而且还学会了撒谎。以前孩子可不是这样啊？妈妈为此苦恼极了。

心理学家建议，父母要想教育好孩子，就要在孩子面前多夸夸他的优点。俗话说："好孩子是夸出来的。"这也是无数父母从亲身实践中总结出来的经验。"爱玩、调皮、叛逆"，这都是孩子的天性，父母需要循循善诱，切不可正面冲突。如果你还是沿用"棍棒"教育，让孩子屈服于你的威严，这样只会让孩子更加反感，不仅影响亲子关系，对孩子的一生也会产生不良的影响。

父母应该从不同的角度看待自己的孩子，多看到孩子的闪光点，进行正面引导，这样孩子就会在夸奖赞扬中逐渐改掉那些不良的习惯，而且能够树立起自信心、上进心，养成良好的行为习惯。

> **小贴士：**

父母若想教育好孩子，可从以下几点入手：

1. 摒弃"棍棒"教育，以赏识教育为主

在当今时代，随着社会的进步，人们观念的改变，许多父母都认识到了"棍棒"教育的弊端，并逐渐以赏识教育为主。的确，赏识教育作为新兴的一种教育方式，主要是赏识孩子的行为结果，以强化孩子的行为；也是赏识孩子的行为过程，以激发孩子的兴趣和动机。赏识教育是一种尊重生命规律的教育，逐渐调整了无数父母家庭教育中的"功利心态"，使家庭教育趋于人性化、人文化的素质教育。所以，父母在家庭教育中，应该摒弃落后的"棍棒"教育，以赏识教育为主，这样才有利于培养孩子良好的行为习惯。

2. 多发现孩子身上的闪光点

一个孩子可能会很调皮，也可能学习成绩很差，但这时候，父母不要只看到孩子的缺点，忽视了孩子的闪光点。每一个孩子都有闪光点，只要父母做个有心人，就一定能在生活的点点滴滴中发现。可能他比较调皮，但计算能力很强；他语言能力很好，还能自己编故事；他的绘画也很不错，所画的作品还在班上展出过呢。这样一想，你会发现夸奖孩子其实并不难。

只要孩子有一点点进步，父母就不要忽视，要给予真诚的表扬。"你今天一回家就开始写作业了，这个习惯真好，我相信你会天天这样做，是吗？""今天你跟爷爷说话时用了'您'，语气也比以前更有礼貌了，很不错。"久而久之，你会发现孩子在一次次的夸奖中变得越来越有自信了，学习的兴趣也一天比一天浓厚，行为习惯也一天比一天好。

3. 任何时候都要注意说话的语气

随着年龄的增长，孩子的自我意识越来越强，他有自己的自尊心，也有自己的面子。但许多父母还是把孩子当作什么都不懂的孩子，在对孩子说话时从来不考虑自己的语气。这时候，孩子是比较敏感的，父母的语气稍微有些不耐烦，孩子也能感觉到，他会觉得自尊心受伤；如果父母当着许多人的面数落孩子的缺点，这更会让孩子觉得无地自容。所以，在任何时候，父母都要注意自己对孩子说话的语气，以夸奖激励为主，切忌语气过太重；另外，在外人面前也千万不要数落孩子的缺点，这会让孩子自卑。

4. 当孩子取得了成绩，应给予大方的夸奖

有时候，孩子取得了不错的成绩，父母心里虽然也很高兴，但总是给孩子浇一盆冷水，"这次成绩还行，可你同桌比你考得还好呢"，这样的转折一下子就把孩子的自信心毁灭了。孩子们的想法还很简单，只希望得到父母的夸奖，如果父母有一点点微词，他就觉得没有了自信心，进而产生自卑的心理。所以，当孩子取得了成绩，父母千万不要浇冷水，要给予大方的夸奖，增强孩子的上进心。

当然，"好孩子是夸出来的"并不是完全绝对的正确，教育孩子一味靠夸奖也是远远不够的。而且，有的父母更是坚持"孩子都是自家乖"，这样一味地娇宠对孩子的成长也是极为不利的。无论是夸奖还是批评都应该是适当的，父母不能把孩子捧得老高，这样一不小心摔下来了，孩子和父母都是承受不起的。虽说好孩子是夸出来的，但父母要拿捏好"夸"的度，这样才能培养孩子良好的行为习惯。

自卑的孩子自我认知度低

心理学家认为，自卑经常以一种消极的防御形式表现出来，如妒忌、猜疑、害羞、自欺欺人、焦虑等，自卑会让人变得非常敏感，经不起任何刺激。假如一个孩子被自卑所笼罩，其身心发展及交往能力将受到严重的束缚，才智也得不到正常的发挥。

小东是一名三年级的男孩，他长着一双会说话的大眼睛，白白净净，头发有些自然卷，成绩还不错，不过性格内向，十分腼腆，在人前不苟言笑。他上课时从来不举手发言，即便老师点名要他回答问题，他也总是低着头回答，声音很小，而且满脸通红。

下课除了上厕所外，他总是静静地坐在自己的座位上发呆。老师让他去和同学们玩，他只会不好意思地笑一下，依然坐着不动。平时在家里，他也总把自己关在屋子里，不和朋友们去玩。周末的时候，父母想带他一起出去玩，或是去朋友家里做客，他也不去，甚至连自己的爷爷奶奶家也不愿意去。

小东身上的现象，在许多孩子身上都可能有所体现，这些都是自卑的产物。自卑，就是一个人严重缺乏自信，常常认为自己在某些方面或各个方面都不如别人，经常将自己的缺点与他人的优点比较。自我评价过低，瞧不起自己，这是一种人格上的缺陷，一种失去平衡的行为状态。

孩子产生自卑心理，有多方面的原因。例如，父母能力较强，对孩子期望过高，往往会让孩子自卑，生活在这样的家庭里，孩子总认为"爸爸妈妈什么都行，我什么都比不上他们，怎么努力都没用"；有的则是家庭不完整，容易让孩子自卑，生活在破裂家庭中的孩子，得不到父母足够的爱，觉得自己是被抛弃的孩子；有的父母采用粗暴、专横的教育方式，严重地伤害了孩子的自尊

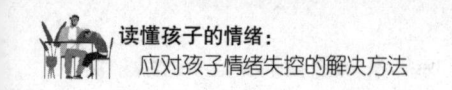

心，往往会让孩子产生自卑心理；有的是父母自身有自卑情绪，平时总说"我不行"，潜移默化地影响了孩子，使孩子产生自卑心理。

> **小贴士：**

要帮助孩子消除自卑心理，父母可以这样做：

1. 避免苛求孩子

父母要帮助孩子建立自信，克服自卑心理。父母对孩子的要求要适当，不能苛求孩子。父母对孩子的要求应与孩子实际的能力和水平相适应。若孩子取得了好成绩，父母应及时表扬、鼓励，让孩子对自己充满信心。对于那些成绩稍差的孩子，父母应予以关心和安慰，帮助孩子分析原因，总结经验和教训，给孩子耐心的指导，一步步提高孩子的成绩。

2. 丰富孩子的知识

生活中，父母经常发现当许多孩子一起交谈的时候，有的孩子说得滔滔不绝、绘声绘色，而自己的孩子却只是在一边听，一言不发。这是什么原因呢？这主要是由于孩子们的知识面不同，有的孩子见多识广，有的孩子知识面较为狭窄。而那些知识面较为狭窄的孩子更容易自卑，所以父母需要有意识地帮助孩子丰富知识，开阔孩子眼界。

3. 给予孩子一定的心理补偿

消除孩子的自卑心理，父母要善于发现他们的优点和缺点，并为孩子提供发挥长处的机会和条件。让孩子学会理智地对待自己的短处，寻找合适的补偿目标，从中汲取前进的动力，将自卑转化为一种奋发图强的动力。

4. 引导孩子交朋友

自卑的孩子大多比较孤僻、不合群，喜欢把自己孤立起来。而积极的人际关系会为孩子提供必要的社会支持系统，利于自身压力的减缓和排解，性格也会变得乐观起来。而且孩子在与人交往的过程中，会更加客观地评价自己和他人。因此，父母要多鼓励孩子交朋友，并教给他们一些社交技能。

5. 帮助孩子获得成功经验

当孩子成功的经验越多，他的期望值就越高，自信心也就越强。对于自卑的孩子，父母要帮助他建立起符合自身情况的抱负，增加成功的经验。当孩子遭遇困境，心生自卑的时候，父母可以引导孩子去做一件比较容易成功的事情，或者参加感兴趣的活动，以消除自卑。比如，孩子在考试中失利了，不妨让其在体育竞赛中找回自信。

6. 采用小目标积累法

许多孩子产生自卑心理，往往是由于对自己要求过高，将自己已经取得的成绩忽略了，他只是沉浸在大目标无法实现的焦虑中，内心经常笼罩在悲观、失望的阴影中。对此，父母可以帮助孩子制订一个能在短时间实现的小目标，引导孩子向前看，从已经实现的小目标中得到鼓舞，增强自信。所谓"量变是质变的必要准备，质变是量变的必然结果"。当小目标积累到一定程度时，不但会形成实现大目标的动力，而且会让孩子形成足以克服自卑的信心。

7. 引导孩子正确面对挫折

孩子在生活中难免会遇到失败和挫折，而失败的阴影是产生自卑的温床。对此，父母需要及时了解孩子的心理变化，予以指导，帮助孩子及时驱散失败的阴影。父母可以指导孩子将失败当作学习的机遇，与孩子共同分析失败的原因，从失败中学习和吸取教训，也可以帮助孩子将那些不愉快、痛苦的事情彻底忘记。

8. 尊重孩子的自尊心

有的孩子自尊心较强，一旦做错事情，自己就会很内疚。假如父母这时再冷嘲热讽，一顿责骂，就会严重挫伤孩子的自尊心，孩子就会破罐子破碎，表现得越来越差。所以，当孩子做错事情时，父母应关心、理解孩子，只要孩子知错能改就行了。这样，孩子就会排解消极情绪，变得越来越自信。

第 7 章

愤怒情绪：
别让孩子成为一只愤怒的小鸟

孩子发脾气是常有的事情。他们发脾气的理由也很多，如身体不舒服，需求没有得到满足。父母平时可以通过安抚，让发脾气的孩子的情绪得到缓解，但是对于喜欢无缘无故发脾气的孩子，父母应该改变对孩子的教育态度。

孩子讲脏话多半是为了吸引他人注意力

该如何解决儿童语言教育中出现的教育偏差与失误,这让父母苦恼不已。孩子是在犯错误中长大的,这无疑是一句至理名言。不过关键问题在于,当面对孩子的错误或问题时,父母应该怎么办。毫无疑问,解决任何问题都需要弄清原因才好对症下药。

孩子5岁了,他小的时候是个活泼可爱又懂事的孩子,不过现在变了。他在跟别人说话的时候,经常会冒出一两句脏话来,如"你是蠢猪啊""赶快滚蛋"之类的。上个周末,妈妈带他一起去参加朋友聚会,孩子带了一个变形金刚的玩具去玩。妈妈的朋友见他很可爱,就跟他说:"你的变形金刚怎么玩,教教我好不好?"孩子很乐意地答应了,然后教朋友一起玩。教了几遍之后,朋友假装还是不懂的样子,故意逗孩子,结果孩子不耐烦了,抢过自己的玩具,说了一句:"你怎么笨得像猪一样,赶紧滚开吧!"听到孩子说的话,妈妈真是尴尬极了,朋友脸上的表情也瞬间呆住了,然后假笑几声,借故走开了。

妈妈马上严厉地教训了孩子,孩子可怜巴巴地承认了错误,并做了保证不再说此类的话。不过,还没过一天,孩子嘴里又开始蹦出脏话了。妈妈真是越想越着急,平时家里人并没有谁说过这样的话,孩子到底从哪里学来的呢?

孩子为什么会喜欢说脏话呢?

心理学家认为,幼儿期是语言、动作快速发展的时期,而孩子的语言和动作主要是通过模仿获得的。孩子知识经验少,分辨是非、好坏的能力较差。当听到别人说脏话,看到电视里反面人物的奇怪模样时,他们并不理解那些脏话的意思,只是觉得新鲜、好玩儿,便会模仿起来。同时,父母是孩子最亲近的

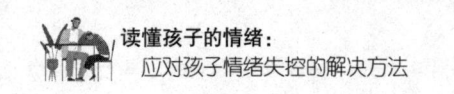

人，他们是孩子语言学习的第一位老师。假如父母不注意自己的言行举止，常常说脏话、骂人，孩子肯定会受影响。

父母过于敏感的态度也会助长孩子讲脏话的习惯。当孩子无意地说一句脏话或模仿角色的怪样时，假如父母大惊小怪，或觉得逗趣，哈哈大笑，然后在笑声中严厉制止，这会引起孩子的"有意注意"，出于试探，他们便会再次重复。假如父母生气，或无可奈何地一笑，便会给孩子莫大的鼓励，无意中强化了孩子讲脏话或做怪样的行为。

有的父母比较忙，没有时间和孩子一起游戏、聊天或给孩子讲故事，只是埋头做自己的事情。孩子觉得受到冷落，就会冲着父母做个"鬼脸"或说句脏话，目的就是引起父母的注意。这时父母如果放下手里的活儿，来处理孩子的行为问题，孩子就会感到很满足，在他们看来，说脏话能使父母能放下手里的活儿，和自己一起交谈，这样专门注意他的行为使他感到满足。

▶ **小贴士：**

面对孩子讲脏话，父母应该怎么办呢？

1. 没有反应才是最好的反应

孩子第一次说脏话时，父母一定要控制自己做出反应的冲动，那样孩子势必会把这当作正面的鼓励而重蹈覆辙。其实，孩子都是在试探：这是我听过的话，那人说这句话时看起来比较激动，如果我说出来，父母会是什么样的反应呢？让父母发笑、生气或不安是孩子想拥有的一种强大力量。所以，父母第一次听到孩子说脏话，不要有特殊的反应，没有反应才是最好的反应。

2. 教孩子学会尊重

假如父母觉得随口说几句脏话没有关系，那你就大错特错了。脏话会让孩子在幼儿园、游乐园和朋友家里陷入麻烦，所以父母需要向孩子解释骂人会让人伤心，即便其他孩子都这么说，这样做也是不对的。骂人和让人伤心都是不可以的，尽管孩子可能还在学习体会别人的感情，或许不能每次都记得先考虑别人，但依然需要知道自己什么时候是在伤害别人，即便自己不是故意的。

3. 提醒孩子不要说脏话

如果孩子好像总有一两句脏话不离口，那父母就需要说说他了，不过父母的教导态度要平和，不要过于激动或愤怒。否则，每次父母生气，都等于在提醒孩子，他有让人生气的本领，能让你快速注意他。当孩子说一些不好的词或脏话，父母只要用平静且平淡的口气清楚地告诉他，这些话是不允许说的就可以了，如"那种话不可以在家里或对其他人说"。

4. 用幽默的语言代替脏话

假如孩子只是试试新词语，那父母可以说服他用另外一个更为恰当的说法来代替。假如他是由于没有合适的替代词来表达强烈的愤怒或沮丧才说脏话的，鼓励孩子大声说"我生气了""我很烦"也许有帮助。不过，假如孩子被警告了一两次之后还要说脏话，那就该好好管教了，但管教时，父母要保持冷静，警告孩子："你说了那个词，必须受到惩罚。"

5. 小小的惩罚

假如孩子是因为想要什么东西而讲脏话，一定不可以让孩子得到他想要的东西。即便你指明"说那样的话很不好"，也不能把他想要的东西给他。

6. 父母要注意自身的言行

假如你的孩子每天都听到父母在说脏话，就会很难理解那些话为什么是不能说的，也会很奇怪为什么规则只针对自己而不针对父母。父母要把孩子想成是一块海绵，他会吸收自己从周围听到和看到的，并渴望和其他人分享自己所学到的东西，不论那是好的，还是坏的。

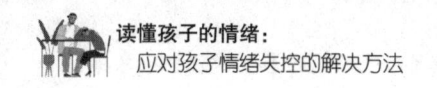

为什么孩子总觉得别人的东西才是好的

父母会发现，孩子在某个阶段会喜欢抢别人的东西，他们总觉得别人手里的东西是好的，不但抢父母手里的东西，有时候还喜欢抢其他孩子手里的不属于自己的东西。

当孩子正在玩一个玩具时，他玩够了就会扔掉，然后又拿起第二个玩具玩。这时父母把之前那个玩具捡起来，孩子看到了便会扔掉第二个玩具，又开始抢父母手里的玩具。如此反反复复，对孩子来说，好像只有别人手里的才是好的。

有一次，妈妈带着楠楠一起去朋友家里，正好朋友家的孩子跟楠楠年纪相仿。大人们愉快地聊天，两个小朋友一起玩得很开心。但是，没过多久，妈妈就听到了楠楠的哭声，两个大人走过去看个究竟，原来楠楠喜欢上了别人的飞机模型，非要抢过来玩，抢不过就哭了起来。朋友上前去把自己孩子批评了几句，拿过玩具递给楠楠，楠楠不哭了，不过朋友的孩子却哭了起来。最后，还是妈妈承诺给楠楠买一模一样的玩具，才安抚好了两个孩子。

其实，平时妈妈也发现了楠楠喜欢抢东西这一特点。有时候他去小区里玩，虽然自己手里也拿着刚买的玩具，但看到别人手上有更新款的，楠楠便会直接冲过去抢。妈妈觉得，在楠楠看来好像东西都是别人的好。

父母看到孩子喜欢抢东西，会不自觉地认为孩子比较自私，长大后也会成为自私自利的人。但事实上，当孩子的自我意识开始萌芽，就会表现得以自我为中心。他们认为自己的东西是自己的，别人的东西也是自己的，所以看到喜欢的东西就会拿走，看到感兴趣的东西会占为己有。孩子因自我意识而抢东西，这是没有任何恶意的，是一种很正常的行为。

孩子喜欢"抢"别人的东西，大概是出于这样的原因：

1. 感觉比较新鲜

毕竟孩子缺乏一些认知能力，看到别人手里的东西，心里觉得新鲜又好玩儿，从而忍不住想要抢过来。虽然他们内心并没有想要抢别人的东西，只是因为很喜欢，所以行为方面比较过激。

2. 感到十分好奇

孩子对很多事情都是一无所知的，他们总想认识周围新鲜的事物。在很多新鲜事物的引诱下，孩子们的好奇心渐渐被激发出来了。别人手里的东西，如果只能远远看着，完全不能满足内心的好奇。所以，为了看得仔细一些，他们便会忍不住想要拿来自己研究一下。但孩子并不懂得如何与对方商量，让对方把东西拿给自己，所以他们就索性开始"抢"了。

3. 强烈的占有欲

孩子的自我意识渐渐萌发，容易以自我为中心，认为一切东西都是自己的，他们完全没有意识到自己和别人是有区别的。出于自我意识的萌发，他们对很多东西想拿就拿，完全没有顾忌。换句话说，那些喜欢抢别人东西的孩子，通常有较强的占有欲。

▶ **小贴士：**

面对孩子抢东西的行为，父母应该怎么做呢？

1. 引导孩子认识归属者

父母需要有意识地帮孩子建立所有权的观念，如当孩子想要别人手里的东西时，父母可以强调："这个玩具是东东的，你只能玩一下，不能带走，玩一会儿要还给东东，你的玩具在家里呢。"这些话可以让孩子认识到东西的主人，也让孩子有所有权的概念。

2. 让孩子学会分享

孩子通常不愿意把自己的玩具拿给别人玩，这是很正常的心理。所以，当其他的小朋友想玩他的某个东西时，父母不应该强制要求他谦让给别人，而要让孩子学会分享，引导他愿意和别的小朋友玩，如"你把这个玩具借给他玩一下，以后他有了新玩具也会借给你玩的，这样你们就各自能玩到两个玩具了"。

3. 别为了满足其他孩子而让自己孩子受委屈

当孩子的东西被抢时，父母不要强行把东西从自己孩子手里抢过来满足其他孩子。因为这样时间长了，孩子就会形成思维定式，变得越来越懦弱，慢慢地就会形成优柔寡断、不敢反抗、不会拒绝的性格。这时父母应该好好保护孩子，让孩子感受到爱的呵护。

4. 教导孩子良好的沟通方式

有些父母看到孩子喜欢抢别人的东西，会直接制止："怎么能抢别人的东西呢？这是不好的行为。"其实，孩子并不太能接受这样的话。最好的引导，是告诉孩子应该怎么做，如"如果你喜欢他手里的玩具，你应该先问一下他愿不愿意把玩具借给你玩，或者你有其他玩具跟他交换着玩"，让孩子知道如何与人友好协商，而不是直接动手抢。

5. 及时肯定孩子好的行为

当孩子尝试着去与人商量时，父母需要及时肯定这样的行为。当孩子不是直接抢东西，而是友好地协商"我可以玩一下你的玩具吗""我有一个玩具，不如我们交换玩一下，你愿意吗"，父母更要及时肯定孩子这样的行为，他们才会意识到这样做是正确的。

6. 让孩子学会换位思考

当孩子玩得正高兴时，父母可以突然抢走他手里的东西，然后问他"你的东西被抢了会难过吗"。如果孩子的回答是肯定的，那么再告诉孩子，他抢走了别人的东西，别人也会感到很难过。当孩子感受到被抢的负面情绪之后，他就会真正地学会换位思考，为他人着想。

7. 最好的教育在第一次

当发现孩子第一次抢别人的东西时，父母就应该及时教育，这样可以快速有效地将孩子不良的行为纠正过来，同时可以防止孩子在多次重复这种行为之后，养成根深蒂固的坏习惯。

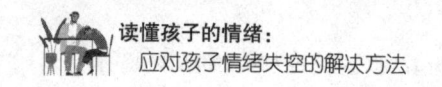

你知道孩子为什么喜欢故意捣乱吗

心理学家认为，当孩子自我意识开始萌发，"我"字当头，想着反抗权威，倾向与父母对着干时，就到了孩子的第一反抗期。这个时期的孩子情绪表现得比较激烈，他们寻求强烈刺激，以发泄心中的不满。在这一阶段，他们开始对父母说"不"，对于周围的事情他们都想大包大揽地干上一番，表现得非常自以为是。

这时孩子的身体已经相当协调，能跑能跳，能抓能捏。他们进入了独立欲求的第一反抗期，逆反是这一时期孩子的常见表现，表现为对父母或者老师的要求做出一些故意的反抗行为。

隔壁的哥哥刚买了新的小汽车，妹妹也想玩，不过哥哥一边大声说"这是我的"，一边躲着妹妹，不让妹妹玩，不管妈妈怎么劝都不肯放手。不过，最近妹妹总喜欢变着花样扔东西，从高处往下扔玩具，扔塑料瓶等各种材质的东西，或者是把玩具扔到沙发下面、椅子下面等，弄得越糟糕她反而越高兴。妈妈来阻止，她反而更加兴奋，扔得更厉害了。

第一反抗期是孩子成长过程中的一个重要转折点，孩子能否顺利度过这一时期对孩子今后的发展有很大的影响。在第一反抗期之前，孩子的生活都是由父母精心照料的，孩子的自由度较小，随着孩子独立意识的增强，自然要抵抗父母的约束。孩子出现逆反行为意味着长大，这时父母只有及时调整自己，适应孩子的变化，才可以做到与孩子一起成长。

孩子出现逆反时给人的感觉是火气很大，好像身体里充满了一股怨气。因此，父母应该以疏导为主，尽可能避免与孩子针尖对麦芒地发生冲突。同时，父母要注意引导孩子，让孩子知道什么是对的，什么是错的，从而朝着正确的方向发展。

> ▶ 小贴士：

当孩子进入第一反抗期时，父母应该怎么做呢？

1. 教给孩子一些基本技能

这一阶段的孩子只要做不好一件事，心里就会着急，就容易发脾气。这时父母可以教孩子怎么做，如孩子玩积木总是滑下来，可以教孩子如何取得平衡；孩子投球老是投不准，接球又接不住，可以教他投掷、接球时，手如何放和收等。

2. 拒绝的同时给予适当安慰

对于孩子提出的要求，父母要使用合理的满足方式。例如，孩子夏天想吃冰激凌，就让孩子吃一个；不过冬天冷，孩子想吃也不能给他吃。父母能够辨别无理的要求，不过孩子却认为这两种情况是一样的，没有无理和合理的区分。

当孩子提出无理要求时，父母可以用眼神、手势、简单否定等方式让他懂得，这个要求父母不同意，也不能满足他。但是，在拒绝孩子这个要求的同时，要给他合理的东西满足他。例如，不能给冰激凌，可以给一块小蛋糕，只是拒绝，没有给予，就达不到教育目的。

3. 引导孩子反思自己的行为

孩子发脾气时父母完全置之不理，想用无声让他懂得"错了"，这对孩子而言是极不合适的。父母有时会提前告诉孩子不能生气，否则就不让他玩玩具或者把玩具送人。这个方法有时会不起作用，因为孩子还不懂得"否则"是什么意思，也不会这样想问题：发火会导致没有玩具玩，不发火就有玩具玩。因此，父母还需要对孩子进行适当的正面教育。

4. 容忍发泄情绪

遇到不愉快的事情，产生了不愉快的情绪，发泄比憋在心里要好。当父母

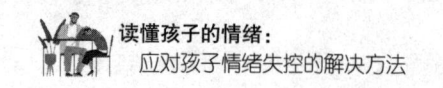

想要对孩子生气的时候，不要对着孩子发泄，可以用捶打枕头的方式来代替。当孩子想发火的时候，可以教导孩子不要朝他人发脾气，而是把怒气发到布娃娃身上。

孩子常常"人来疯"是为了博得关注

孩子进入幼儿期，常常会在人多的场合出现"人来疯"行为，异常活泼，非常调皮，让父母感到手足无措。孩子"人来疯"的行为，指的是孩子在客人面前或在有陌生人的场合表现出一种近似胡闹的异常兴奋状态。例如，家里来客人了，孩子表现得十分高兴，一开始还能正常说话玩耍，渐渐地却陷入了一种近乎疯狂的状态，又吵又闹、上蹿下跳，让客人大为吃惊，父母也尴尬不已，却不知道如何让孩子安静下来，担心孩子的行为会给客人留下不好的印象。

周末家里有客人来，王妈妈一大清早就开始收拾屋子，准备食材，忙得没有工夫管6岁的儿子。儿子刚开始安静地待在客厅玩手机，不时还帮妈妈拿一下东西。

不一会儿，客人来了，王妈妈把客人请进屋里，和朋友很有兴致地聊起了天。这时本来安静的儿子却不安分起来，一会儿把电视机调到很大声音，一会儿又把手机游戏声音放得很大，或者在屋子里故意走来走去。王妈妈让儿子安静一点儿，没想到儿子还冲着自己做鬼脸，甚至一副"要你管我"的样子。王妈妈气得大声呵斥，但是根本没有用。最后，王妈妈只能让儿子回到他自己的房间，却听到儿子"砰"的一声关起了门。王妈妈感到很难堪，无奈地跟朋友笑了笑，朋友安慰着："没事，孩子都这样。"

许多父母都经历过孩子的"人来疯"，平时看起来很听话的孩子，忽然之间在客人面前或公共场所，变得非常亢奋，如一匹脱缰的小野马，不仅大吵大闹，而且蛮横无理。孩子表现出"人来疯"，大部分原因在于七八岁的孩子本身就具有强烈的表现欲，喜欢给别人带来乐趣，希望得到别人的肯定和赞扬。

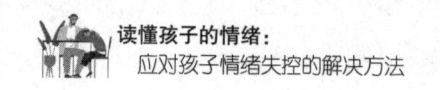

不过，孩子在人们面前表现时又不能很好地掌握分寸，结果就"疯"过头了。

那么，孩子为什么会"人来疯"呢？

1. 缺乏自控力

孩子的自控能力才刚刚发展，所以不能有效地控制自己。他们平时的行为带有很大的冲动性，而且自控行为会随着场景发生变化，一会儿好一会儿坏。当家里来了客人，父母会鼓励孩子表现自己，哪怕孩子表现过火了，父母也不会当着客人的面批评孩子。聪明的孩子感觉到父母的宽容，便会彻底释放自己的天性，所以不容易控制自己的言行。

2. 父母太溺爱或太严厉

有些父母太溺爱孩子，不论孩子的要求是否合理，都总是给予满足，让孩子变得自私、任性，在客人面前也不听父母的话，无理取闹；反之，有些父母对孩子太严厉，严重抑制了孩子喜欢玩的天性，当有人在场时，父母的注意力更多集中在客人身上，孩子就会抓住机会来尽情表现自己。

3. 孩子渴望得到关注

现实生活中许多父母因平时工作繁忙，很少带孩子出去玩，孩子在家里总是与爷爷奶奶一起玩耍，不然就是看电视、玩玩具，他们的交往需要得不到满足。所以，当家里来了客人，孩子会感到好奇、兴奋，认为终于有人关注自己了。这时候如果父母只是跟客人聊天，孩子心里就更觉得被冷落了，便会有意识地做出一些反常行为，试图引起别人的关注。哪怕这样的行为会引来父母的批评，他们也会感到满足。

4. 客人出于表面的宽容

有时候，客人的宽容很容易引起孩子的"人来疯"。孩子在表演的时候，客人会出于礼貌夸奖孩子，以此来取悦父母；或者主动逗孩子，即便孩子做得不好，客人也不会苛求，非常宽容和友善。这样会让孩子更加兴奋，趁机做一些平时不太敢做的举动。

▶ 小贴士：

那么，对孩子的"人来疯"行为，父母应该怎么办呢？

1. 别当着客人面批评孩子

当家里来了客人，孩子出现"人来疯"行为时，父母不必着急，更不要当着客人的面批评孩子，因为孩子的自尊心需要受尊重。当着客人的面批评孩子，会让孩子感到很难堪，甚至会出现逆反行为，同时会让孩子感到只要客人来了自己就变得不重要了。

2. 多让孩子出门玩耍

父母要想减少孩子"人来疯"的行为，可以多为孩子制造与外界接触的机会，带孩子多参加一些聚会，让孩子与同龄孩子玩耍，减少他们对陌生人的新鲜感。如果孩子不愿意与陌生孩子玩耍，父母也需要及时引导，让孩子慢慢感受到与人交往的乐趣，学会主动与人交往。

3. 给孩子自由玩耍的时间

有的孩子平时看起来很乖，一旦有客人来了就出现"人来疯"行为。这时父母应该反思是否平时的管教太过于严厉。如果是这样，父母就不要过多限制孩子的自由玩耍时间，可以给孩子买一些合适的玩具，引导孩子多交同龄朋友，让孩子活泼好动的天性得到充分解放。

4. 给孩子适当的表现机会

家里有客人来，可以适当给孩子表现的机会，如让孩子唱歌、讲故事、朗诵诗等，然后告诉孩子"你唱得真不错，下次再给叔叔唱一首，好不好？"如果孩子很兴奋，还想继续表演，那父母可以暗示"叔叔喜欢听话的孩子，你先自己去玩吧"。

5. 给孩子讲道理

在客人来之前，父母可以先给孩子讲道理，不许"打闹"，同时提出惩罚或奖励的方法。例如，孩子出现"打闹"行为，就给予批评，取消周末野炊的计划等；孩子听话，没有出现"打闹"行为，就及时表扬，满足其提出的合理

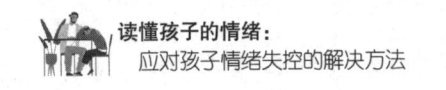

要求。

6. 别冷落孩子

父母与客人聊天的时候，别把孩子冷落在一边，这时应该让孩子学会招呼客人，如帮忙倒茶、帮忙拿东西，有时也可以参与聊天，问孩子一些感兴趣的事情等。这样孩子不仅可以感受到父母和客人对自己的喜欢，还能学一些待人接物的方法，同时也满足了孩子的表现欲，不会造成难堪局面。

7. 别溺爱孩子

孩子出现"打闹"行为在于缺乏自制力，所以父母在平时教育孩子时要特别注意。对于孩子提出的要求，不能总是满足，特别是一些不好的习惯，应该及时制止，不能纵容，以免养成孩子"自我为中心"的心理。这样，孩子的自制力就会慢慢增强。

8. 别过多关注孩子的"打闹"行为

父母需要避免强化孩子的"人来疯"行为，一家人保持统一的教育方式，在孩子出现"人来疯"行为时，别过多关注孩子，可以假装什么也没看见。同时，也要引导并暗示客人不要关注孩子的行为。这样，孩子觉得没趣，自然也不会再用这种方式来吸引大人的注意了。

成长期的孩子都有情绪不稳定的特点

女儿进入成长期之后,突然性情大变,经常惹得妈妈很生气。有一次,一家人高高兴兴地出去玩,刚开始女儿兴致也很高,和她表弟玩得挺开心的,妈妈还给她买了一个小礼物,她很开心,一路上都有说有笑。吃饭时,小表弟看着女儿的礼物说他也想要同样的礼物,当时妈妈心想:一会儿出去再买一个吧,所以当即就把女儿的礼物递给了他。谁料,这一幕正好被女儿看到了,刚才还在高兴的她脸上瞬间没有了笑容,愣了一会儿,直接从表弟手上抢过小礼物,转身就扔在地上,这还不解气,还使劲儿跺了几脚。妈妈惊呆了,一向听话的孩子怎么就性情大变了呢?

有一天下午,隔壁家的孩子在家里玩,正巧马上要吃晚饭了。于是女儿便邀请对方留在家里吃饭,妈妈和爸爸也答应下来了。在饭桌上,女儿给爸爸夹了一块糖醋排骨,这时邻居家孩子说:"我也想吃。"于是爸爸就将那块糖醋……一言不对,默默地低头吃着饭,不一会儿,妈妈发现女儿眼睛都红了。这孩子是怎么了?

处在成长期的孩子,至少面临着三方面的压力和挑战:第一,他们身体正在迅速发育,尤其是性方面的发育和成熟,让他们积蓄了大量的能量,容易兴奋过度;第二,他们学习任务比较重,承受的心理压力很大。第三,随着年龄的增长,他们渴望对外部社会有更多的了解,人际交往也逐渐增多,各种各样的信息纷至沓来,这就使他们需要处理的问题越来越多,越来越复杂了。

以上这三方面的压力常常交织在一起,矛盾此起彼伏,虽说孩子们的生活内容大大丰富了,不过也不再像幼儿园、小学时那样单纯容易了。而这时,他们大脑的神经机制并没有发育健全,调节能力还比较差,所以面对各种压力和

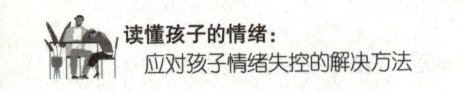

刺激，便很容易产生心理不平衡。孩子不像成年人那样善于控制或掩饰自己，常常喜怒皆形于色，便显得情绪忽高忽低，十分不稳定。

尽管说情绪不稳定是成长时期的心理特点，不过由于情绪的波动会给孩子们的生活带来一定影响，如影响与他人的关系、分散学习注意力，长期的负面情绪还会使孩子产生心理疾病，所以父母要引导孩子调节自己的情绪。

▶小贴士：

那么，父母应该怎样引导孩子调节自己的情绪呢？

1. 正面积极引导

成长期孩子情绪很容易受自尊心影响，特别是青春期的孩子，自我意识快速发展，有着强烈的自尊心，爱面子，他们迫切希望自己有独特之处，并开始注重自己的外表。这些都是成长期孩子的共性，父母可以对此正面引导。在许多事情上给足孩子面子，尊重孩子的话语隐私权，别动不动就对其进行批评说教，随便翻看他的东西。

2. 不要太过在意孩子的情绪

成长期孩子的情感世界充满着风暴，情绪波动大。他们取得一点点成绩，就会沾沾自喜，得意忘形；若是遇到一点儿挫折，就会悲观失望，甚至心灰意冷。在这段敏感时期，父母应多注意观察孩子的情绪状态，少唠叨，切忌给孩子带来新一轮的刺激。假如亲子关系不错，父母成为孩子最忠实的听众即可。

3. 鼓励孩子交友

成长期孩子有着强烈的交友意识，他们渴望结交志趣相投、年龄相仿、能够互相理解、分享生活感受的知心朋友，他们也比较在意别人眼里的自己。有时候为了朋友的平衡与协调，他们宁愿自己受委屈，对别人的嘲笑、蔑视比较敏感。

所以，父母应该避免给孩子带来不公平、委屈的感觉，更不要漠视不管，应该和孩子分享交友过程中的收获，而不是挑剔指责他们交友不当。即便他所交的朋友有问题，父母的指责也没有任何效力，这样只会把孩子推到朋友身边去。

4. 旁观孩子与异性交往

在异性交往方面，成长期孩子经常是既好奇又充满困惑的。有的孩子见到异性就脸红，畏首畏尾；有的孩子活泼大方，和异性朋友交往过密。假如孩子在家里与父母沟通不畅，那他很容易就会去找一个异性的朋友吐露心声。这时，父母不能"武力镇压"，简单粗暴的打压只会把孩子的异性交往逼入"地下"，孩子们会更加坚定地朝着相反的方向走去。面对这样的情况，不如冷处理，先了解情况，再做具体的策略，或是引导孩子与异性朋友交往，或是帮孩子分析与异性之间的关系，当然，这些都需要事先征得孩子的同意。

第 8 章

坏脾气来袭，帮助孩子及时清除糟糕的心理垃圾

叛逆期是孩子的一段心理过渡期，在这一时期，孩子的独立意识和自我意识逐渐增强，迫切希望摆脱父母无微不至的管护。他们反对父母把自己当小孩，而以小大人自居。甚至为了表现自己的不平凡，他们对任何事物都比较敏感。

孩子是学校中的"异类",不被欢迎怎么办

现代社会,许多孩子都是独生子女,集万千宠爱于一身,在这样的情况下,许多孩子养成了"凡事以自我为中心"的个性。而这恰恰严重影响了孩子与他人的人际交往。以自我为中心的孩子总是强调自己的需要和兴趣,只关心自己的感觉,而不关心别人的利益得失。这样的孩子大多有很强的自尊心,不愿意别人超过自己,对别人的成绩非常嫉妒,对别人的失败则幸灾乐祸。

在与别人谈话的时候,以自我为中心的孩子总是谈着"自己""我",却不愿意听别人的情况。而这样的性格特点多是源于父母的宠溺。许多父母认为,自己只有一个孩子,好的东西都应该给孩子,宁愿自己吃苦也不愿意孩子吃苦。成长宠溺的孩子大多以自我为中心,这样个性的孩子在学校大多是没什么人缘的。为避免这种情况,父母应该反省自己的家庭教育方式,及时作出调整,帮助孩子冲破"社交障碍"。

张妈妈说:"我们一直很疼爱小洁,经常买漂亮的衣服和最好的玩具给她。不过,因为工作忙碌,我们陪伴小洁的时间很少。她总是一个人在家看电视、玩玩具。上了中学后,她不太懂得如何跟同学相处,也不知道如何与人分享。同学们都看她漂亮,东西用得好,以为她很骄傲,就不想和她来往,也不愿意跟她做朋友。时间长了,小洁越来越害羞,甚至开始讨厌上学。"

孩子为什么没人缘?妈妈的叙述中,我们不难发现,孩子交际能力差,一部分原因在于父母。小洁的父母工作忙,没有时间照顾她,虽然父母认为自己比较疼爱孩子,但是,疼孩子并不只是给他买东西,即满足他物质上的需要,而是关心孩子心里在想什么,即精神上的需要。在缺乏父母关爱的家庭环境下长大的孩子,交际能力肯定好不到哪里去。

父母要有意识地锻炼孩子与人交往的能力,让孩子与同学、朋友一起玩,逐渐学会谦让、忍耐、协作。否则,孩子总是与父母在一起,备受宠爱,养成了霸道、以自我为中心的个性,以后进入社会也不能很好地与人相处。

> **小贴士:**

那么,父母要如何帮助孩子冲破"社交障碍"呢?

1. 少批评,多赏识

孩子在学校没人缘,有时并不是因为他不被同学们所喜爱和接纳,而是他自己不愿意与人交往,内心很自卑。造成这样的原因是多方面的,可能他性格内向,可能他成绩不好。但面对孩子这样的情况,许多父母却只问成绩,若是考差了就批评、打骂,结果孩子越来越自卑。对于孩子,父母要少批评,多赏识,关注孩子的优点,如"我觉得你写的文章很优美",从而增强孩子的自信心。孩子对自己充满信心了之后,他自然会愿意与人交往。

2. 让孩子走出家庭

在家庭里,父母与孩子的关系多少存在一定的"不对等性",父母有什么好吃的都留给孩子,宁愿自己省一点儿,也不能亏了孩子。但是,走出家庭,孩子与同龄人相处,面对的是完全对等的关系。同龄的孩子在一起玩,机会是均等的,大家都遵守共同的游戏规则,这能够让孩子学会平等对人,学会理解别人的困难和心情。

你的孩子是"小气鬼"吗

心理学家认为,两岁多的孩子常常是"小气鬼",想从他们的手里要一点儿东西,简直比登天还难。因为这个年龄的孩子自我意识开始形成并发展,进入了第一反抗期。他们根本不会听父母的话,总是与父母对着干。在他的头脑中有了"我""我的"这一类概念,父母越是让他把东西给别人,或别人越想要,孩子就越不肯给,他似乎在证明自己的力量。

孩子到了3岁以后开始有了以玩具为媒介进行游戏的兴趣,他们开始有了借别人的玩具玩或把玩具借给别人的想法,因为他们喜欢和朋友一起做游戏。这时父母要重视培养和教育,克服孩子的利己主义,培养孩子同情和关心别人的高尚情操。

妈妈发现,娜娜不知道什么时候变得自私起来。小朋友找她借玩具,她摆摆小手说:"不借,借给你,我就没得玩了。"她手里拿着好吃的东西,爸爸妈妈开口向她要,她也藏得紧紧的:"不给不给,给了我就没了。"

认识娜娜爸妈的人都说这对夫妻非常豪爽,尽管家里条件一般,但别人有困难,他们也还是会热情帮忙。正因为这样,他们觉得欠孩子太多,每一次家里买好吃的,从来舍不得自己吃,全部留给孩子。有一次家里做了孩子最喜欢吃的糖醋排骨,由于做得多,爸爸妈妈也没顾忌,当他们刚要伸筷子夹菜时,那碗排骨就被娜娜拿到了自己面前:"这是我的,你们不能吃。"看到孩子竟这样自私,娜娜爸妈感到很难过。

近年来,孩子不尊重别人、不关心别人、任性的现象越来越多。这种情况的出现,大多是由于孩子在家庭中受几代人的宠爱、保护,每个人都关心孩子,于是孩子产生一种理所当然的至高无上的心理。现代社会,孩子已经不知不觉地成了家庭的"小皇帝""小公主"，时间长了，便形成了自私的性格。这就提醒父母，在把希望和爱全部倾注于孩子身上的同时，也要防止孩子滋生自私心理。

> **小贴士：**

那么，父母应该怎样做才能防止孩子滋生自私心理呢？

1. 不要一切都顺从孩子

孩子处于从本能走向自觉的阶段，是人的心理和性格萌芽的重要时期。在这个时期，父母应为孩子创造一种良好的教育环境，这对孩子今后的心理和性格的发展，具有很大的影响作用。有的父母为了不让家中的"小皇帝""小公主"发脾气，无论要求是否合理，一切都顺从孩子。孩子要吃什么，父母就做什么，孩子要什么，父母就买什么。在父母的百般呵护下，孩子的自我意识增强，家中的一切都必须以他的情绪变化和要求为中心，如果达不到要求，就发脾气，这就是滋生孩子自私观念的温床。

2. 引导孩子关心别人

父母自己首先要是一个待人热情、关心别人、不自私的人，这样才能教导孩子不自私。家庭成员之间应该互相体贴、照顾，随时随地嘘寒问暖，从语言到行动让孩子感受到人与人之间的互相关怀。在这个过程中，要让孩子从小学会察言观色，看到别人感情变化，理解别人的想法，从而愿意作出让步，或者去帮助别人。例如，孩子在看电视，爷爷打盹儿了，妈妈不妨引导孩子"看看爷爷怎么了？爷爷是不是困了，他要睡觉了，怎么办呢？"让孩子意识到应关掉电视，让爷爷好好睡觉。

3. 精神奖励

许多教育家研究证明：精神鼓励的作用要比物质奖励大得多，效果也好得多，原因就是前者能避免一些物质奖励带来的弊病。父母对孩子能关心别人，有好东西与大家分享，或作出一定牺牲的举动，要给予肯定、赞许，但不要大张旗鼓地予以奖赏。不恰当的物质奖励不利于培养他无私的品格，反而会导致孩子为了追求奖赏而去做事，一旦一次没有给予奖励，下次可能就不做了，这样反而滋生了孩子的利己主义。

4. 让孩子懂得分享

父母在家庭中应制订规矩：有好吃的东西，大家都应该吃。即便是单独给孩子吃的东西，也要让他给大人吃一点儿。父母在这时不应推辞或假装吃，否则，时间长了，孩子会觉得只有他自己应该吃，给父母不过是装装样子，或好玩儿，一旦父母真的吃了，孩子则会大哭。如此一来，孩子暴露了他的自私心理，也暴露了家庭中不良习惯带来的影响。

5. 让孩子明白要对亲人的爱有所回报

父母要让孩子感到自己生活在母爱、父爱或其他爱之中，应对亲人有所"回报"。实际上，孩子是会主动回报爱他们的人的，愿意送给他们好东西，愿意为他们做事。但是，父母有时却不珍惜孩子这份可贵的情感，出于好心，不忍要孩子的心爱之物，舍不得孩子去做事。时间长了，孩子这份可贵的情感就被磨灭了，这时父母才感叹"孩子太自私"，已为时晚矣。

6. 给孩子出"难题"

对于大一点儿的孩子，父母可以出难题，如"只有一个苹果，应该分给谁？""水果有大有小，应该怎么分？""其他小朋友要借用你心爱的东西，怎么办？"等。父母在引导孩子解决这些难题的时候，不要以压制手段破坏他的情绪，使他产生对抗心理，也不要放任自流，随便他怎么样。而要顺其自然，孩子处理得好，父母应及时表扬、鼓励；若处理不当，父母应该指导，并且事后与他耐心地谈一谈：为什么不能这样而要那样？为什么这样做不对？让孩子知道尊老爱幼，懂得关心别人。

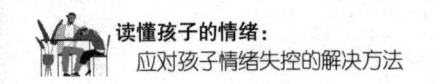

叛逆期孩子的父母应该怎么办

科学研究表明：孩子的叛逆期通常有3个阶段：2~3岁的宝宝叛逆期，6~8岁儿童叛逆期，14~16岁青春叛逆期。叛逆期的孩子会有这样一些典型的表现：破坏性强，喜欢摔东西、拆玩具、乱写乱画、撕书，或故意把玩具丢得满地都是；坚持要某一件东西，即便是外表相同的也不要；坚持要穿某件衣服或某双鞋，即便不符合季节；想要做的事情坚决要做到，否则就大哭大闹；在公共场合坐地耍赖、打人；父母要求的事情偏偏不做，越是禁止做的事情越要做；不理睬父母，宁愿自己玩，也不和父母一起玩；故意破坏之前定好的规矩；层出不穷地提出新的要求；和父母讲条件，要达到要求才肯做事；和别的小朋友玩耍时，争抢同一件玩具；不愿意和别人分享玩具，不过又喜欢抢别人玩具，严重时还打人。

原本吃饭习惯很好的孩子，最近突然不吃饭了。妈妈越是让她吃，她就越是不吃，还跳下饭桌玩去了。最后在软硬兼施下，孩子坐在妈妈怀里，终于吃完了。

孩子每天有半个小时的动画片时间。最近，在规定的时间看完之后，孩子总会提出相同的要求："我还要看动画片。"母子平时总会为了这个问题争执一番，终于在一个周末的晚上，妈妈同意孩子多看一集动画片，可孩子却不看了，平静地去玩别的玩具了。

孩子产生自我意识后，必然会对"我"的能力产生好奇。所以孩子会通过各种方式探索自己可以做什么，自己会对别人产生什么影响。由于破坏比建设更容易，所以缺乏能力的孩子通常是通过破坏行为，而不是通过建设性行为来判断自己的能力。同时，由于孩子语言能力尚不发达，他们还不懂得通过语言来社交，所以这一时期的孩子在与人交往中会有一定程度的攻击性行为，而且乐于观察他的攻击所带来的效果。

同时，孩子在自我意识成长过程中，必将经过一个矛盾的阶段：一方面，孩子渴望独立，摆脱父母的控制；另一方面，在生活上、情感上又对父母有着依赖。这样的矛盾会造成孩子比之前更依赖父母，担心父母会离开，同时又不断挑战父母的权威，和父母唱反调。由于孩子的自我尚未真正建立，在独立和依赖之间来回游离。在孩子未来的成长过程中，这一现象还会不断重复，孩子未来究竟可不可以实现真正的独立，父母的态度是关键。

▶ **小贴士：**

那么，当孩子进入叛逆期时，父母应该怎么办呢？

1. 耐心对待孩子的负面情绪

孩子情绪激动时，父母暂时不要和孩子讲道理。当孩子大哭时，父母可以抱着孩子或者带孩子到安静的地方，静静地听孩子哭一会儿，让孩子平静；帮助孩子搞清楚为什么哭，是哪一种情绪，伤心还是愤怒；对孩子表示同情和理解；等孩子情绪平静了，提出新的办法转移孩子的注意力。

2. 了解孩子叛逆行为的原因与动机

孩子和父母在一起的时间长，和父母最为亲近，要想了解孩子的需求，父母就应该平时多注意观察，多学习教育孩子的知识，多和孩子沟通交流。父母要充分理解孩子对自己尝试、独立表现的要求，尽可能多创造一些条件，让孩子的要求得到适当的或充分的满足。

3. 以巧妙的方法进行引导

叛逆期的孩子问题较多，父母应根据不同的情况，采用不同的方法巧妙引导。例如，父母让孩子吃饭，孩子偏不吃，这时父母可以采用激将法，要求孩子不吃饭，孩子可能反而拼命要求吃饭。不过，父母在使用这个方法时语气要尽可能真实平静，按照孩子的情绪适当调整。

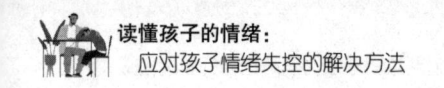

再如，孩子到处扔东西吸引父母注意力，这时父母要假装没看见，继续和家人聊天。孩子看见自己的行为没引起自己想要的效果，自然会停止这样的行为。

4.不能迁就原则问题

叛逆期的孩子一方面不断挑战规则，另一方面又不断追求规则。假如规则混乱，孩子会缺少安全感。因此，父母在制定规则时要讲科学，且规则一旦制定，就必须遵守；避免制定超出孩子能力的规则，如要求孩子上课不走神等；尊重孩子的需求，有时孩子只是要求自主行动，如要自己穿衣服，自己吃饭，大人不能因为怕麻烦而禁止孩子尝试。

你知道孩子为什么总是和你唱反调吗

有一位孩子对妈妈说:"为什么我一听到你说学习的事情就来气,我知道你是为我好,但我心里很反感,或许这是一种叛逆心理。假如你不跟我说学习的事情,我是很愿意跟你亲近的,而不是像现在这样,害怕与你交流。"可以说,这是每一位叛逆期孩子的内心独白。

进入叛逆期之后,孩子在生理上发生了很大的变化,身体开始慢慢发育成熟。不过,他们生理上的成熟并没有带来心理上的成熟,不少孩子在这一时期出现了叛逆心理。通常叛逆期的孩子在心理上希望表现出成人感,有较强的独立意识。

女儿一直很乖巧,我和她一直像无话不说的朋友。不过,昨天女儿的当面顶撞让我非常生气,恨不得揍她一顿。这好端端的乖巧女儿怎么会顶撞妈妈呢?

事情的起因是我给女儿报了一个补习班,她一直不太情愿,最后几天更是坚决不去,气得我把她骂了几句,她当时顶撞我说:"你去给我报补习班,你经过我同意了吗?你尊重过我吗?……"我气坏了,差点儿动手打了她,她最后坚决不去补习,我也没办法了。后来我在收拾女儿房间时,无意中看到了她的日记,大概内容是自己为什么不想去补课,因为一个同学都不认识,坐在教室里感觉很孤独。结尾,她是这样写的:"爸妈从来不会考虑我的感受,只关心分数、分数,就是因为分数,我失去了以往的活泼个性,我很高兴爸妈如此看重我的前途,不过为什么做出任何决定都不经过我的同意?是国家规定我必须补习吗?我之前也没有补习啊,我还不是考了前三名。我本来学习已经很累了,我不想去补习,我心情烦躁,我觉得压力大,你让我补习,我偏偏就不想

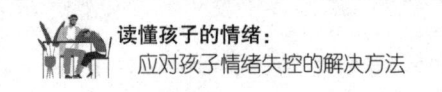

去……"

叛逆期孩子的心理特征是：情感丰富，情绪波动。叛逆期的孩子感情相对脆弱，有时开心，有时莫名伤心，自我意识强，对父母不愿意谈及心事，对朋友却可以敞开心扉。他们自我感觉像个小大人，不过思维情感却还是个孩子；他们开始偷藏自己的日记本，喜欢模仿大人的行为，如涂指甲，讨厌父母唠叨。不管自己对错，只要是来自父母的批评，他们都积极反抗。

叛逆期孩子处于开放性与封闭性的矛盾之中，他们需要与同龄人平等交往，他们渴望与他人彼此开诚布公，坦诚相待。不过，由于每个人的性格和想法并不一样，简单的交谈难以满足叛逆期孩子的这种渴求心理。因此，有的孩子会把心里话诉说在日记里，但又因为好强的自尊心，不愿意被他人所知道，于是就形成了既想让他人了解又害怕被别人了解的矛盾心理，这也是他们与父母对抗的原因。

▶ **小贴士：**

当孩子产生叛逆心理时，父母可以采取以下措施：

1. 倾听孩子的烦恼

实际上，叛逆期的孩子不喜欢父母的唠叨，他们却喜欢向别人倾吐自己的心事。父母可以平心静气地当个好听众，满足孩子被倾听的需要，这样会减少他们心中的委屈、烦恼。父母也可以跟孩子一起去公园散步，或跟孩子一起运动，这样彼此都会感觉很轻松。

2. 与孩子进行日记沟通

无论是父母还是孩子，都有心情不好的时候，这时不要把气撒在孩子身上，最好的方式就是写到日记里，然后给对方看。跟孩子约好互相看日记，这样更容易谅解对方。当然，这需要征得孩子的同意，也可以让孩子把心事写在纸条上交给父母，如此，父母也可以第一时间回复孩子，帮助孩子走出心理困惑。

3. 了解孩子叛逆的特点

父母可以提前了解孩子叛逆期的特点，并告诉他这是每个年龄段的心理特征。实际上，叛逆的个性也并非全都不好，但需要引导孩子学会控制自己。假如他开始反驳父母，那证明他已经长大了。当然，父母需要告诉孩子应该做什么，不应该做什么，帮助他顺利度过叛逆期。

4. 不要总是拿同龄人比较

在生活中，许多父母总喜欢拿自己的孩子跟其他的孩子比较，给孩子一种强大的压力，其实这样的做法是欠妥当的。每个孩子都是独立的个体，他们也有自己的优点，只是经常被父母忽视而已。假如父母总喜欢拿自己孩子的缺点跟别人的优点比，就会挫伤孩子的自尊心，引发孩子的逆反情绪。

5. 少批评，多鼓励

对正处于叛逆期的孩子，父母应该以鼓励教育为主。这个年龄阶段的孩子最反感的就是批评，假如父母经常批评他们，一定会激起其内心的反感。反之，假如父母经常发现他们身上的闪光点，鼓励他们，激励他们，他们就会如父母所想的那样努力成长。

6. 把孩子当成大人对待

父母应该学会平等地对待孩子，把他们当作大人看，这是最关键的。高高在上的父母不容易得到孩子的认可，得不到认可，就不容易知道他们心里究竟在想什么。不知道孩子的心事就难以对症下药，达不到教育的效果。

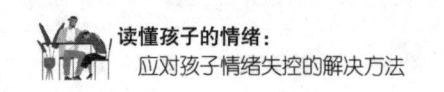

孩子"欺负"弱小同伴，父母如何干预

有的孩子看起来很喜欢"欺负"同伴，其实这是源于他们个性里的领袖型特点。领袖型的孩子坚信所有的事情都应该靠自己，因此很少依赖别人，甚至希望所有人依赖他们。假如他们发现某些人身上有自己看不过去的行为习惯，或是做了某些他们认为不对的事情，他们就会马上指出来，完全不考虑具体的情况和周围的环境，也很少会考虑对方的感受。

当然，孩子的领导才能是各种能力的综合，在他发挥领导才能的过程中，其综合分析、创造、决策、随机应变能力、协调能力、语言表达能力都得到了相应的锻炼。

此外，孩子身上所体现出来的领导才能并不同于成人群体中的领导才能。孩子身上并没有体现出过多的权力因素，而是更多的自信和成就感。一个孩子如果具备了一定的领导能力，那么他在交往、应变、语言表达能力等方面都会远远超过同龄的孩子，在他身边的孩子就会对其产生一种亲切感、信赖感和佩服感。

小坤从小就是孩子王，他好像天生就对权力特别着迷，而且永远精力充沛。在与身边的孩子相处时，小坤的支配欲就开始蠢蠢欲动，恨不得把周围的小朋友都收在自己的麾下。小坤总是指挥他们："小胖，这次捉迷藏你负责来抓我们，不要偷看啊""花花，你把我们的衣服拿好，别丢到地上弄脏了"……而且在与小伙伴相处时，他好像不会考虑其他小朋友的感受。所以，经常有其他小朋友向小坤妈妈告状："阿姨，小坤欺负我，呜呜……"每次遇到这种情况，小坤妈妈就特别无奈，该怎么办呢？

小坤是典型的领袖型孩子，在他幼小的心里总以为自己是拯救全人类的勇士。这种性格的孩子对权力特别着迷，在他们看来只要自己掌控整个局面，就能获得安全感和成就感。平时生活中，他们总是精力充沛，而且难以屈服于别人，在他们看来，向其他孩子低头，那就是损耗自己的力量，放弃自己的权力或需要的东西。当然，这会导致他们严重的自我膨胀，有时难免会伤害到其他孩子。

领导才能对孩子未来的发展有极大的帮助，一个习惯于做"孩子王"的孩子，能在未来的人生中扮演独当一面的角色，甚至带领自己的团队干出一番轰轰烈烈的事业来，因为他早早地接触了领导才能的方方面面。另外，领导才能对孩子当下的表现也有很大的帮助，那些具有领导才能的孩子往往担任了学习上的领导者，如班长、中队长之类的职务。而且，他们在课余活动中表现出来的领导才能甚至比智力或学习成绩更能准确地预测他们将来的成就。

假如孩子具备领袖型性格，或者其领袖型的气质崭露了头角，父母则应该予以正确的引导。若孩子没有这样的性格特征，父母也可以通过有效的办法培养其领导才能。

▶ **小贴士：**

那么，父母该如何培养孩子的领导才能呢？有这样四点建议：

1. 培养孩子的沟通能力

领导者总是吩咐别人做事，这就需要领导者具有比常人更优秀的沟通能力。领导者要有理解别人的能力，与人沟通，协调同伴之间的矛盾和冲突，解决发生在内部的分歧，让大家都朝着一个方向努力，这样，领导者才能赢得别人的尊敬。所以，在日常生活中，父母需要培养孩子的沟通能力，可以在家庭活动中锻炼孩子的小主人意识，让孩子懂得理解别人、团结别人，培养与别人沟通的能力。

2. 多鼓励孩子

大多数孩子都有一定的依赖性，这其实是他们丧失自信的一个表现。孩子缺乏自信，因而总不敢单独去完成一些任务。所以，当父母吩咐孩子去完成一件事情的时候，要学会鼓励孩子："我知道你一定能做得到。"如果孩子取得了成功，父母要给予夸奖："你果然做到了，真了不起。"孩子听到了这样的话，自信心就会大增。孩子对自己的能力充满了自信，他就能够独立思考、独立行动，更愿意参与同龄孩子的活动。孩子有了一定的自信心，他就能领导好自己的团队，并取得成功。

3.培养孩子的责任意识

领导者是有一定的责任意识的，他会对自己团队的成功与失败所负责。对孩子来说，他的责任意识就表现在他对自己、对他人以及日常生活中各种事情的态度上。所以，为了培养孩子的责任意识，父母不仅要要求孩子自己的事情自己去做，还需要让孩子懂得对自己的言行负责。例如，当他要去做一件事情的时候，就必须认真完成，这是一种负责任的行为。

4.培养孩子的决策能力和创新能力

孩子能够感受到"自我"和"自我存在"，他们也经常为"什么都得听父母的"而烦恼。在强烈自我意识的驱使下，孩子渴望独立行动并开始了决策。所以，随着孩子年龄的增长，父母要摒弃事事包办的习惯，尊重孩子的兴趣选择、价值判断等各方面的权利，给予孩子最大的信任，指导并帮助孩子独立自主地发展。

创新能力是一个领导者不可缺少的素质，其实，创新能力隐藏在每一个孩子的身上，即便是年龄很小的孩子，也有一定的创造力。父母应以奖赏的方式呵护孩子的好奇心，激发他内心的探索欲望，这样有助于培养孩子的创造性思维能力，并且不断地增强孩子的自信心。

第 9 章

焦虑情绪：
对症下药，缓解孩子内心的压力

孩子在成长过程中会有真切的感受与体验，但很多时候，这些感受与体验往往被父母否定。父母认为，自己所认知的感受与体验，才是孩子内心的感受，这样一来便会导致信息的不对称，造成孩子内心的负担。

注重孩子的感觉，而不是你的感觉

每当降温时，就会看见大街上许多孩子被父母裹得严严实实，但孩子自己却觉得很热。这种现象被称为"有一种冷叫妈妈觉得你冷"，反映出父母否定孩子自身的真实感觉。如果父母长时间保持这样的习惯，必然会给孩子身心造成一定伤害。

孩子从刚出生时就开始感受这个世界，在成长过程中会慢慢唤醒他身上的每一种感觉。感觉是孩子心理发展的基础，也是孩子探索世界的基础。父母的感觉只是父母的感觉，并不是孩子的感觉。父母感觉冷，不代表孩子就感觉冷，毕竟每个人对冷热的敏感度是有不同的。那么，父母如何能证明自己的感觉是对的，而孩子的感觉是错误的呢？如果父母长期否定孩子的感觉，孩子自己感觉世界的能力就被剥夺了，当自己连确认感觉的能力都没有时，他们会感觉到害怕，并慢慢退缩。

在日常生活中，许多父母会习惯性地犯同样的错误——否定孩子的感觉。事实上，父母否定孩子的感觉，除了会让孩子感觉父母不尊重自己的意见和想法，影响亲子关系外，更严重的还会让孩子变得自卑，怀疑自己的是非判断能力。一旦父母对孩子的真实感受作出否定，孩子也会受父母的影响对自己的判断产生怀疑。假如这样的事情反复发生，孩子会感到自己的感觉和判断出现了问题，慢慢地就会越来越没自信作出独立的判断，进而也不敢随便发表意见和看法了。

小明感到很苦恼，每次妈妈都把她的感受强加给自己，但那的确不是自己的真切感受啊。

例如，一到冬天，妈妈就会拿出毛衣、棉衣、毛裤，里三层外三层地要求小明穿上，小明内心是拒绝的，但妈妈会说："你看外面才几度啊，这气温，你还准备少穿衣服？要是感冒了谁带你去医院啊，我工作忙着呢，可没工夫管你。"有好几次，小明因为穿得太厚，体育课运动之后后背全是汗，结果反而感冒了，妈妈又会说："你看你，我就知道你少穿了衣服才会感冒，不听妈妈的话，所以才会这样。"

小明每次在学校与小伙伴发生了不愉快的事情，都会感到很难过。这时妈妈的感觉又开始了："有什么好难过的，你这学生时代的朋友就没几个真的，以后过个几十年，你们谁还记得谁呀，真的是，现在的孩子，心灵太脆弱了。"听着妈妈的话，小明更难过了。

在心理学中，有一个概念被称为自体客体经验。举个简单的例子，孩子摔倒了，感觉到疼，不过孩子不会说话，没办法表达，妈妈便会抱着孩子说："妈妈知道你疼了。"这时孩子是自体，妈妈是客体，体验是自体感受到的，却是客体表述的。正常情况下，当孩子内在的自体体验被妈妈这个客体理解的时候，孩子内在是安定的、愉快的。

而上面这个故事中，孩子的自体客体经验被父母定义了，这是非常可怕的。自体心理学创始人科胡特认为，自体客体经验都是中性的，没有好坏之分，不过在现实生活中，许多父母会分辨一些感受，长时间否定孩子的真实感觉，容易导致孩子不自信、不合群。

例如，当孩子去打预防针，孩子哭了，有的父母会说："不疼不疼。"孩子哭得更大声了，父母继续说："你是个勇敢的孩子，不哭。"结果孩子哭得撕心裂肺，父母会感到很不解，孩子怎么越哄越哭呢？其实，孩子后来并不是因为疼才哭的，而是父母否定了自己的感受，所以感到委屈。在孩子看来，明明就很疼，为什么父母偏偏说不疼呢？假如一个孩子的自体客体经验总是被否定，则很有可能影响他的自我价值。

父母经常否定孩子的真实感受，除了会导致孩子变得自卑、不合群外，还会造成亲子沟通障碍。每当孩子告诉父母自己的一些感受，而父母第一句话就否定孩子，孩子往往会马上关闭沟通的通道，不想再和父母沟通了。这样一来，父母就失去了亲子沟通的机会，也就无法得知孩子的所思所想。

▶小贴士：

那么，父母应该怎样去尊重孩子的感受呢？有这样四点：

1. 第一时间认同孩子的感受

当孩子因为某些原因跟同学产生矛盾之后，一些父母会随意地说："这不过是一件小事，没必要跟同学斤斤计较，你要跟同学成为好朋友。"然而，这时孩子的感受并未得到父母的认同和尊重。正确的做法应该是，安抚孩子的情绪，给孩子一个拥抱，对孩子说："宝贝，我知道你很难过，如果我遇到这样的事情，也一样会难过。"等到孩子情绪平复下来之后，再启发孩子解决问题。

2. 不否定孩子的真实感觉

父母应该深知，孩子有权利拥有自己的情感，有权表达自己的情感，父母不该对孩子说"你不可以有那种感觉"。父母正确的反应应该是"我很难过你有这样的感受，因为我的感觉是……"孩子的意见或许会跟父母不同，很多时候难以判断哪些意见比较合理。不过当父母懂得尊重孩子的感受时，孩子也会更尊重父母。

3. 用同理心对待孩子

当孩子的感受与父母的感受不同时，父母应该站在孩子的角度思考问题，以同理心理解孩子，认同孩子的感受，让孩子感觉父母是懂自己的。一定要牢记，父母对孩子的感觉要认同而不是否定，把孩子的人生留给孩子自己去体验，父母也可以向孩子分享自己的感受。同时，如果孩子缺乏处理问题的经验、方法和技巧，父母可以给孩子一些建议。

4. 提前预知感受

孩子摔倒了，父母应抱抱他，安慰他说"妈妈知道你疼了"；打预防针之前,父母可以提前告诉孩子"待会儿打针可能有点儿疼,疼了你就哭出来"。结果孩子很少哭,最多哭一两声就好了。在游乐场孩子想玩,但有别的小朋友在玩,父母应说:"妈妈知道你现在很想玩,不过我们得等小朋友玩完再玩。"正因为父母对孩子感受的接纳和尊重,所以孩子平时很少哭又很善于表达自己的感受,很多时候表现出来的都是很懂事的样子。

"破坏性批评",是对孩子最大的伤害

弗洛伊德认为,一个人的性情在幼年时期已经定型,而且会影响其一生。孩子幼年的想象力、创造力都是惊人的,但随着年龄的增长,孩子的想象力、创造力却逐渐消失,这是什么原因呢?

最大的伤害来自父母的"破坏性批评",这对于孩子稚嫩的心灵而言,简直是严重的身心伤害。父母破坏性的批评会让孩子感受到伤害,这将直接导致他们不敢面对失败、不敢挑战、害怕被拒绝、性格胆小、怯弱、缺乏自信,遇到挫折就忧虑、找借口逃避等消极行为,这些都将严重阻碍孩子身心的健康成长。或许,父母批评的出发点并没有什么错,但破坏性批评带来的后果却是很严重的,给孩子造成的伤害也是无法弥补的。

妈妈生下小伟后,早早地过上了相夫教子的生活。但是,小伟的爸爸不仅每个月挣钱少,而且经常在外面拈花惹草,这让原本就有些后悔早结婚的妈妈更烦躁了。她渐渐地把这些负面的情绪都发泄在年幼的孩子身上,她认为是孩子拖累了自己,如果不是因为有了孩子,自己早就摆脱了那个男人、那个家庭。

所以,每次小伟做了什么错事,妈妈就会破口大骂:"你怎么这样蠢?我早就知道你是个笨蛋、傻瓜,一点儿用都没有!我怎么生了你这么个不争气的东西……"

从小被妈妈咒骂的小伟,生性胆小、懦弱,在学校常常被同学欺负,每天躲在角落里,不和任何人交流。

破坏性批评的首要表现就是批评时对人不对事,直接就进行人身攻击。例如,父母骂:"你这个样子,长大后会有什么出息""好意思出门吗?一点儿用处都没有"……虽然父母一面批评一面说:"我也是一片好心啊,我这是教

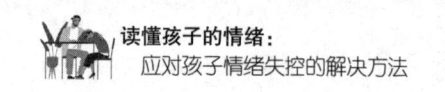

育孩子，为了让孩子更有出息。"然而，事实上，你的批评不仅没有一点儿用处，还伤害了孩子的心。

破坏性批评本来就是父母消极心态的表现，把自己各种不如意的消极情绪发泄在孩子身上，那么孩子所受到的破坏性批评就带来了双重消极影响：一方面孩子直接承受了破坏性批评的伤害，另一方面父母在孩子面前做了一个应对破坏性批评的反面示范。

破坏性批评还表现在增加孩子的内疚感。父母总是说："孩子啊，你要争气，要有出息，不能总这样笨啊。"这从侧面传递给孩子的信息是，因为自己不好、不争气，所以需要偿还给父母，于是怀有深深的愧疚感。

破坏性批评更多表现在父母有条件的爱，这会给孩子造成伤害，如"只有你做到了，妈妈才爱你"。在这个过程中，孩子知道父母给的爱并不是无私的，而是附带着条件的。

父母给孩子的破坏性批评会摧毁孩子的自尊，增加心理负担，扭曲心态，让孩子在这个过程中慢慢缺失自信心，他们开始自怨自艾、自暴自弃、不敢做任何事情，慢慢自我设限、失去勇气、胆小怯弱。可以看出，破坏性批评的教育方式会直接伤害孩子，而过多的破坏性批评，会给孩子造成巨大的身心伤害。

有很多俗语描述了批评为主的教育方式，如"不教不成人""棍棒出好人"，一些父母对孩子的批评总是多于表扬，这其实就是消极心态占据了上风。在孩子所有的表现中，父母总是在寻找或注意应该批评的那一面，形成了教育的误区。

父母的破坏性批评，主要呈现为以下四种方式：

1. 情绪失控式批评

生活中，许多父母一看到孩子做错事就非常生气、情绪失控，对孩子大声喊叫，说话语调高，语言速度快，对孩子一通批评。但声音大有用吗？话难听有用吗？孩子或许并未真正听进心里，甚至他在想：每次都是这样，听听他的话，多恶劣……面对父母的大声怒吼，孩子明白父母的情绪占据了上风，自己此刻说什么都没有用，他们只会在父母一声高过一声的质问中敷衍着，希望早点儿结束这一场情绪沙尘暴。

2. 威胁式批评

当父母对孩子任性的举动忍无可忍时，便会威胁："你再这样，我就……"当父母用威胁、吓唬的方式去批评孩子时，大多数是想得到立竿见影的效果，似乎觉得这样做可以很容易控制孩子，让其听从自己。在父母看来，威胁批评可以让孩子长记性，让孩子从心里感到害怕，从而对这件事加深印象。但事实上，威胁式的批评只会伤害孩子的自尊心，增强其对父母的抗拒心理，长此以往将严重影响亲子关系。

3. 念经式批评

父母经常犯的错误，就是对孩子进行念经式批评。从孩子做错的一件事，牵扯出一连串的事情，然后开始长达1~2小时的批评。其实，在这个时候，父母反复提及孩子所犯的一些错误，孩子产生的厌烦会增多，反而对自己目前所做的错事没有多余的时间思考，他更希望这场批评赶紧结束。这时候，简洁的批评更容易被孩子接受，当然也更有效果。

4. 比较式批评

在父母的批评声中，孩子们总多了个伙伴——别人家的孩子。例如，父母总会说"你看小明学习多努力，多自觉，再看看你，如果没人管你，你简直要翻天""你看妮妮多勤快，帮家里干了多少事情，你呢，成绩不好不说，还特别懒惰"。大多数父母总是比较容易看到别人家孩子更努力、优秀、自信的样子，却忽视了这些比较给孩子带来的打击，也没有看到在比较中孩子对自己信任的降低。

▶ 小贴士：

父母批评孩子，需要掌握正确的方式，毕竟父母是孩子的启蒙老师，父母的言行对孩子有着很大的影响。

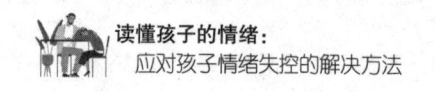

1. 注意批评的场合

在父母眼里,孩子好像永远没长大一样。实际上,孩子在进入幼儿园时就已经有自尊心了,父母看似很小的批评,如果不注意语气和说话的分寸,就会伤害孩子的自尊心。尤其父母若是选择人多的场合批评孩子,孩子会感觉很没面子,自尊心受挫。

2. 注意批评的态度

孩子做错了事情,父母批评的态度很重要,批评孩子哪些地方做得不对,哪些地方需要改正时,应尽量保持温和的态度。如"宝贝,你知道吗,你这样做是不对的,妈妈希望你能改正,相信你能把这件事做好"。这样的批评态度能让孩子比较容易接受,明白自己错在哪里。

3. 不涉及人格的批评

父母在批评孩子时,可以只批评孩子犯错的行为,而不涉及孩子的人格。例如,孩子在约定时间迟到了,父母的批评最好是围绕孩子遵守时间的行为,就事论事,不要扯远了,尤其是不要批评孩子的人格,如"你看你又迟到了,像你这样不负责任的人,以后怎么办"。若换成"为什么迟到了呢?下次可记得调好闹钟,早点儿起来"。这样更容易让孩子接受。

4. 不要盲目批评

父母批评孩子要有根据,不能没搞清楚状况就胡乱批评。有时候父母可能只看到了部分事实,并没有了解清楚前因就开始批评孩子,这是不妥当的,很容易引起孩子的逆反心理。父母一定要了解事情的整个过程,再下定论,千万不能不明白情况就责怪孩子,如果错怪了孩子,会给他造成心理负担。

5. 向孩子诉说感受

父母批评孩子也需要讲究技巧,因为直接的批评会增加孩子的逆反情绪。父母可以一边批评,一边向孩子表达自己的感受,让孩子知道你的情绪状态,如"妈妈并不是在批评你,只是你这么做,妈妈很担心你上当受骗,所以才生气"。当孩子听到这样的话,他也更容易接受批评。

6. 说出自己的期望

父母坦诚了自己的情绪状态，孩子知道父母的关心，也意识到自己的错误，内心已经感到愧疚了，此刻父母就可以向孩子说出自己的期望。例如，"妈妈希望以后你在作决定时跟我说一声，我至少可以给你一些建议，然后你再决定做不做"，这样沟通，孩子是很容易接受父母批评的。

7. 让孩子改正错误

批评之后，孩子还需要学会改正错误，才能达到批评的目的。孩子承认错误之后，父母要正面引导孩子，告诉孩子改正错误后有哪些好处，对他有哪些帮助，如"你可以独立自主地作决定以后，妈妈就很放心你未来的人生了"，这样会让孩子更深刻地感受到父母的批评是为自己好，让孩子不抗拒，愿意去接受错误，改正错误，然后在批评中成长。

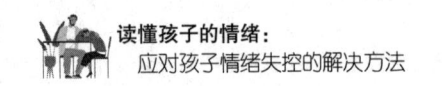

读懂孩子的情绪：
应对孩子情绪失控的解决方法

与孩子平等沟通，化解孩子的心理压力

在教育子女方面，父母们容易陷入一些误区，不管孩子在想什么，不管孩子的意愿，而一味对孩子进行批评式或灌输式教育。父母永远站在权威、强势的位置上，就不能理解孩子的想法和意愿，总是一厢情愿地认为自己"为了孩子好"，命令、强压、威胁，反而容易激起孩子的逆反心理，引发激烈的反抗。

事实上，要想改变这种现状，父母就要给孩子平等对话的机会，做孩子的好朋友、好伙伴，这样才能使家中的沟通氛围更和谐温馨。

女儿总是抱怨："从小到大，我听得最多的一句话就是'都是为了你好'。这句话就好像一句咒语，父母总是打着爱的旗号，限制着我的自由和独立。"

只要女儿一不听话，妈妈就开始训斥："我辛辛苦苦赚钱，做那么多事情，还不都是为了你好？你怎么就这么不听话？妈妈一心为你好，可你呢？还反过来让妈妈生气，真是太让我伤心了。"女儿做错事情，妈妈就又开始训斥："你以为我愿意骂你、惩罚你吗？还不都是为了你好。骂你、惩罚你是为了让你知道你做的事情都是错的，让你知道悔改，让你知道以后该怎么做。"

女儿被逼急了，就会大叫："我不要你为了我好，我最讨厌这句话！"

父母总是说"我都是为了你好"。这句话实际上是沉重的，它带给孩子的，更多的是压力和负担。这句话如此斩钉截铁，不容辩驳，孩子的一点儿小小反抗都被视为大逆不道，让孩子只能因为内疚感而顺从。父母对孩子任何批评的话语，加上这一句"都是为了你好"之后就变得理所当然。许多孩子的天性就会因此被扼杀，最终按照被父母认为该有的路线去规划、去发展，做父母认为对的事情。

▶ 小贴士：

那么，父母如何才能与孩子平等对话呢？

1. 征询孩子的意见

当父母制订关于孩子的某项计划或规则的时候，最好听听他的意见。无论是"每天晚上只许玩半个小时的游戏，九点以前睡觉"还是"暑假去参加兴趣班或夏令营"，最好事先征求孩子的意见，对于参与制订的计划，孩子更有执行的兴趣、信心和耐心。父母不要擅自安排孩子的一切，要问他"这周末想要怎样安排？"如果孩子太小，不妨给出选择，如"是去游乐园还是去爷爷奶奶家？"

2. 倾听孩子的想法

父母与孩子所处的地位不同，与孩子所关心的内容不同，想法往往也不一样，父母认为好的，不一定是孩子想要的；父母认为正确的，不一定是孩子认可的。父母应该多听听孩子的想法与观点，对于孩子合理的想法和意愿，应放手让孩子去独立完成，或者设法满足孩子的合理要求。对于孩子不合理的想法，要先用心聆听，然后给出合理的建议，再让孩子自己去选择，哪怕他在尝试中会摔跤。多问问孩子"你是怎样想的？""说说你的主意？""你觉得这样解决怎么样？"这样才能培养孩子的开放性思维，提高孩子分析问题、解决问题的能力。

3. 与孩子多互动

在一些家庭的教育中，父母永远处于主导地位，孩子永远处于被动地位，只能被迫接受父母的命令和斥责，不管这些多么没有道理。事实上，父母不一定都是正确的，应该尊重孩子作为一个独立个人的思想和意志，让家庭沟通变成一个双向的、互动的过程，父母可以影响孩子，孩子也可以影响父母。父母应多进行自我批评和自省，用语言和行为给孩子树立榜样。少说些"大人说话，小孩别插嘴""按照我说的去做"这样的话，多告诉孩子"妈妈也有错""我们也有责任，忽视了你的感受""你有什么想法，说出来看看"。这

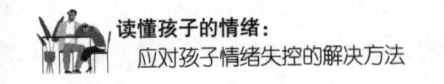

样会让孩子更重视、更尊重你。

4. 允许孩子申辩

无论孩子做错了什么，请允许他进行申辩，不要把这些申辩看成是狡辩、强词夺理，当然如果孩子任性，不讲道理，则必须坚持让孩子道歉。申辩也是一种权利，不能要求孩子俯首帖耳。发现孩子不合你意，或者做错了事，应该首先思考到底是谁出了问题，听听孩子的理由，而不能只是简单地训斥和责骂。不允许孩子申辩，不但不能使孩子心服口服，还会使他滋长一种抵触情绪，导致说谎、推脱责任行为的产生。孩子申辩是一次有条理地使用语言的过程，也是交流的过程，听听他的理由，也许你会觉得孩子这样做并没有什么错。当然申辩不等于强辩，如果发现孩子有推脱责任、强词夺理的倾向，应该坚持让他认识到自己的错误。

总之，父母只有学会平等地和孩子交流，不权威俯视，也不强势压迫和命令。学会倾听，然后尊重，进而实现平等，才能让孩子更服气，家庭氛围也能更和谐融洽。

父母对孩子的爱,不要给予任何附加条件

生活中,人们总是说爱是无私的,但事实上,一些父母对孩子的爱也是有条件的,有了太多的前提。例如,孩子要乖乖听话妈妈才会喜欢,孩子成绩要很优秀妈妈才会感到骄傲;孩子要完成妈妈布置的任务才能去公园玩,才能得到自己喜欢的玩具。虽然,总的来说,父母是爱孩子的,但仔细分析就会发现,这样的爱添加了许多附加条件。

从前有一个小公主,因为她平时跟父母、哥哥没有什么话说,所以她就拼命练习猜谜语,因为只有猜对了谜语,父母和哥哥才会跟自己一起玩,爱自己。

后来,小公主慢慢修炼成为猜谜语的高手,世界上没有几个人可以猜出她的谜语,对于那些猜不出谜语的人,她就会给对方画大花脸,给对方羞辱和惩罚。后来,她碰到了聪明的一休师傅,一休出了一道题:"什么东西有时候很硬,有时候很软,虽然很小,但是可以装得下整个世界。"小公主猜不出,却渴望得到答案,一休说:"对于自己没有感悟的人,告诉你答案也没有用。"

为了得到答案,小公主跟随一休师傅一起回到了庙里,朝夕相处,从中感受到人与人之间的爱和温情。最终,她悟出了答案——心。她也知道了,只要自己心中有爱,心中有别人,就会知道父母对孩子的爱是一样的,这时候她只想回到父母身边。

跟故事中的小公主一样,如果父母的爱是有条件的,她就会拼命证明自己,因为只有成为父母心目中的样子,才会赢得父母的爱。当然,天下的父母都是爱孩子的,只不过爱的方式有所不同。那些附加了太多条件的爱,是父母希望通过奖励和惩罚的方法控制孩子的行为表现,以达到自己心中对孩子期望的要求目标。

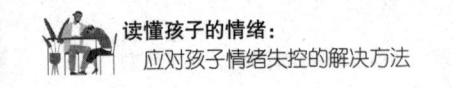

之所以出现这样的情况，主要基于这样一些原因：

首先，父母自身可能就是在这样奖惩刺激的环境下长大的，他们所受到的教育是：父母生养了你，你就应该听父母的；不管你是否愿意，父母做什么都是为了你好。在他们成为父母后，对孩子更多的是想要去控制，从而树立自己的权威和存在感。

其次，一些父母与孩子之间的亲子关系建立在交换的基础上，因为父母不知道还能有什么更好的方式去和孩子沟通。

最后，大多数父母在养育孩子上总会更多关注其行为结果，因为用奖惩的方法去控制孩子的行为，在短时间内可以看到效果，这样的做法简单、快捷，父母能直接感受到孩子的服从。

▶ 小贴士：

那么，父母应该怎样去爱孩子呢？有这样六点：

1. 明确孩子不是顺从的乖娃娃

养育孩子，并不是要把孩子训练成乖娃娃。每一个孩子的行为都是由其内在感觉、想法、需求决定的。附加条件的爱具体表现在，孩子表现优秀，就给予表扬；孩子表现比较差，就加以惩罚。这样的教育方式，会让孩子形成顺从、听话的性格，他们在成长过程中慢慢会变得不接纳自己、缺乏自信、缺少内在独立思考能力。

2. 多看孩子的身心

父母应该多看孩子的身心，而不仅看到孩子的行为。毕竟每个孩子的个性有差异，对于每件事的内心感受和需求也不同，所以父母的养育方式也应该有所区别。父母应全面看待孩子的身心，把目光放长远，真正地接纳孩子，与孩子一起解决问题，而不是通过物质手段来控制孩子的行为，忽略孩子的内心需求。

3. 无条件地爱孩子

父母应该全身心地投入孩子的养育成长中，用心觉察、体会孩子的内心世界，无条件地爱他，与孩子一同成为一个内心强大的人，让孩子在任何时候、遇到任何问题，都可以相信自己，从容解决。

4. 少提要求

父母有条件的爱，只会让孩子感觉这是在交换。因为他们只有完全符合父母的要求，才能得到父母的爱，父母才会表现出爱。这时候，父母爱的不是孩子，而是自己的要求。因此，父母在爱孩子时，要少提要求。

5. 给孩子更多的安全感

其实，每个孩子内心都是十分依恋父母的，他们对失去爱感到恐惧。甚至为了得到父母的爱，孩子们会努力地迎合父母的要求，以换取父母的爱。如果孩子在这样的教养方式中成长，通常会缺乏安全感，他们在以后的情感中会表现得更加冷漠。

6. 注重孩子的感受

父母的爱本质是无条件的，大部分父母都会说自己当然是无条件爱孩子的。不过真正重要的是孩子们的感受，他们是否不管做对、做错或做得不够好，都感受到了父母不变的关爱。所以，父母在爱孩子时，应该更多注重孩子的切实感受。

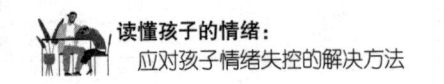

倾其所有地对待孩子，孩子不会懂得感恩

电视剧《虎妈猫爸》里，"虎妈"有一段台词："你知道这家里谁是真正为你着想的吗？谁真正关心你，你知道吗？妈妈为了你，连工作都不要了，每天想着你吃什么、学什么，你就和我讲这样的话，你有没有良心啊？"在"虎妈"看来，她为了孩子连工作都可以不要了，每天都在为孩子操心，孩子却不感恩，这让她难以理解。

然而，对孩子来说真的是这样吗？孩子根本不需要父母天天盯着自己，这样只会让自己感到无尽的压力，甚至产生内疚——明明不是孩子的错误，却让孩子以为是他引起的，要孩子负责。

有位孩子表露这样的心声："小时候父母就对我灌输'我为你付出太多'的观点，弄得我很小的时候就有很强的罪恶感，觉得自己是父母的负担，觉得自己的生命没有意义，觉得我只能为父母而活。"

这是父母的悲哀，付出自己的全部，却养不出感恩的孩子。

小月是独生女，从小备受父母呵护，像一个小公主一样。但在小月3岁时，这样的生活发生了变化。由于家庭生活压力，父母开始三天一大吵、两天一小吵，小月在父母的怒吼、打骂声中，委屈地成长着。

尽管妈妈还是像以前一样对自己呵护备至，但与此同时却给了小月很大的压力，因为妈妈总是说"小月，为了你，我只能将就跟你爸爸一起生活在同一个屋檐下，你可千万不要辜负我的付出""不管工作多么辛苦，但为了你，我都会坚持下去""只要你好好读书，我再苦再累都是愿意的"。一旦小月学习成绩下滑，妈妈就会说："你看我为你付出那么多，你却不认真学习，你对得起我吗？""为了你省吃俭用，而且还要遭受你爸爸的冷漠对待，我这是为了谁啊，你可千万要争气啊。"

从小到大，小月都听着这样的声音，她刚开始会感觉非常内疚，给自己很大的压力。但是，天长日久地听妈妈的诉苦，小月已经感到麻木了。后来，当她再听到妈妈说这样的话时，她便很不耐烦地说："不要总说是为了我了，你要选择离婚就离婚吧，我无所谓的。"这时妈妈便又会说："你这孩子，亏我为你付出那么多，一点儿也不知道感恩。"

父母并不需要激发孩子的内疚感，以此来证明自己的付出和价值。这种父母的价值观是偏执的，不管孩子是否要求自己牺牲，就自认为已经作出了很大的牺牲，所以孩子就是亏欠自己的。

但真实情况是，当你选择生下这个孩子时，你也并没有征求孩子的意见，本来就是你自己的决定，所以孩子真的不亏欠父母任何东西。父母需要将孩子抚养大，这本来就是父母的义务。这一承诺，在你决定生孩子时就已经作出了，所以你要为后来的所谓牺牲负责。即应该负责的是父母，而不是孩子。

总是对孩子诉苦，末了加一句："我为你付出那么多。"这样的举动无非是彰显自己在抚养子女过程中的艰辛，然而这些需要跟孩子诉说吗？父母的诉苦，只会激发孩子的内疚，甚至给孩子成长过程中带来莫大的压力，最终让孩子的心理逐渐走向不健康。有的孩子在这种心理煎熬中，慢慢变得麻木，变得不再感恩，变得冷漠。

教育孩子的根本目的是什么？是让孩子怀着一颗感恩的心生活，怀着感激的心情去学习。感恩是他学习的动力，也让他的心里充满了爱和温暖，使他成为人见人爱的孩子。孩子需要一颗感恩的心，父母不要让孩子认为什么都是别人应该做的，而是教育孩子学会理解他人，以一种感恩的心态来面对父母，对待他人。这时候，父母就犹如孩子的一面镜子，一言一行都会影响到孩子。

如果一个孩子连最起码的感恩都不懂得，你还指望他去爱谁呢？现在的孩子从小就在万千宠爱中长大，一个人得到了全家人的所有关爱。这时候，如果父母不教导孩子学会感恩，时间长了，在孩子心里就会形成这样一种观点：自已接受多少都是应该的。这样的孩子长大以后，就会表现得缺乏爱心，成为人们避之而唯恐不及的人。"感恩教育"的缺失是多方面的，家庭教育的施行者也有一定的责任，过多地注重孩子的学习，而不注重孩子的心理品质，孩子就会因为纵容而变得越来越任性。

▶ **小贴士：**

那么，父母应该怎样对孩子进行"感恩教育"呢？

1. 对孩子不要事事包办代替

随着孩子年龄的增长，他学会了做很多事情，也可以独立去完成一些事情，这是一种很好的习惯。但是，一旦父母对孩子保护太多，干预太多，为孩子打理了一切事务，孩子就会渐渐习惯父母的包办代替，甚至觉得父母这样做是理所当然的。时间长了，孩子就很难再感谢父母为自己所做的一切了。所以，对孩子的一切事情，父母不要大包大揽，不要为其打理一切事务，而是让孩子试着独立去做一些事情，一方面锻炼他的独立生活能力，另一方面教导孩子学会感恩。

2. 不要有求必应，更不要无求先应

面对孩子提出的要求，父母应该首先考虑是否合理，如果是不合理的就要坚决地拒绝，并告诉孩子哪里不合理，不要对孩子有求必应，而是应该让孩子自己去争取所需要的东西。当孩子通过自己的努力去获得所需的时候，他就懂得了珍惜，也明白了自己的生活是幸福的。有的父母给孩子提供过于丰富的物质条件，久而久之，孩子会觉得这一切来得太容易了，甚至认为他本来就应该拥有一切，于是不懂得珍惜，也不懂得感恩。

3. 为孩子做好榜样

身教的力量远远大于言教，父母在面对自己的父母时，要表现出尊敬和孝顺，要感谢他们的养育之恩。家里有好吃的要先给老人吃，逢年过节要给老人送礼物，如果老人离得比较远，也要经常打电话。这样不仅能让孩子看到父母对自己有爱，对长辈一样有爱，也能经常告诉孩子，要关心和孝顺长辈。孩子虽然还小，但长期的耳濡目染，也会在他幼小的心灵里撒下感恩的种子。

4.不要太多地谈论自己的苦恼

许多父母常常会在孩子面前说："爸爸妈妈这么辛苦都是为了你啊！"这从表面上看是希望通过诉苦这样的方式，强化孩子心中父母付出很多的感受。其实却恰恰相反，这容易给孩子造成心理负担，它暗示了"我为你付出这么多，你要偿还"，这样教育下的孩子只会用"形式对形式"来感恩。所以，父母在向孩子灌输"感恩教育"的时候，要适当地谈论自己的苦恼，而不是过多地谈论，否则就会使"感恩"变了味道。

第 10 章

心理障碍：
帮孩子解开内心的结

孩子的心理障碍，指的是儿童期因某种生理或功能障碍，在各种环境因素作用下出现的心理活动和行为的异常现象。孩子的心理障碍应该如何克服呢？孩子更需要的是父母的关心和爱，父母需要投入情感，为其提供成长所必需的"心理营养"。

孩子为何总是情绪敏感、伤春悲秋

大部分孩子都是天真活泼的，不过有的父母却发现自己的孩子不喜欢说话，不和别的小朋友来往，也不主动参加集体活动，被父母责备了很久还耿耿于怀。实际上，这是因为他们是抑郁质的孩子。

抑郁质的孩子通常比较胆小，不喜欢说话，不喜欢与人交往。在回答问题时，他们也总是低着头，声音很小。若是受到表扬，眼睛就会一亮，若受到批评，眼睛就会往下看，看到父母经常会哭。他们在学校里不喜欢唱歌也不跳舞，回家后却又把学过的东西表现出来。在平时生活中，他们安静、注意力集中，有着丰富的想象力，善于感知细微的变化。不过他们比较胆小，性格孤僻，对自己缺乏信心，个性敏感、沉闷。

有一天，妈妈在公司受到了老板的夸奖，特别高兴，下班后去幼儿园接孩子："宝宝，这个星期天我们不去练琴了，妈妈带你去游乐园。"孩子高兴极了，把这件事记住了。转眼到了星期天，妈妈一早起来就让孩子练琴，孩子有些不乐意，心想：是我最近不够听话，惹妈妈生气了？那我要乖一点儿，妈妈就会带我去游乐园了。

转眼又到了星期天，妈妈还是让孩子练琴，孩子没说一句话。不过在之后一个星期里，孩子表现得非常忧郁，再到星期天轮到练琴的时候，孩子突然喊肚子疼，再到一个星期天，孩子还说肚子疼。妈妈了解实情后，抱着孩子说："宝宝，你要去游乐园可以告诉妈妈啊。"孩子却说："你说你要带我去游乐园的，你怎么能忘了呢？我还在想是不是我惹你生气了，所以你不带我去了。"

抑郁质的孩子很在意别人对自己的评价。当外界的评价是赞扬时，他们的表现就会很自在；假如外界的压力太大，他们就容易情绪波动。由于这样的性格，抑郁质的孩子容易被外界左右，而且他们平时总喜欢一个人玩，假如别的小朋友主动过来和他们玩，他们不仅会不高兴，还会感到厌烦。他们的情绪通常不会表现出来，即便受到表扬也没什么太大的反应，假如在学校遇到什么不高兴的事情，他们也是毫无表情，不过回到家就会哭。

▶ **小贴士：**

那么，面对抑郁质的孩子，父母应该怎么办呢？

1. 激赏教育

抑郁质的孩子比其他孩子更渴望被肯定和欣赏，父母应该多运用激赏教育。美国心理学家詹姆士提出了"肯定原则"，他认为"人最本质的需要是渴望被肯定"。每一个孩子自我意识的产生，主要依赖于父母对他的评价。而对于抑郁质的孩子，他们特别希望得到父母的肯定，以此增强自己的信心。对于这样的孩子，父母要不吝惜赞扬和鼓励，有时一句简单的肯定，会给抑郁质的孩子带来很大的鼓励，同时提升孩子的自信心。

2. 劝导孩子不要过分追求完美

抑郁质孩子做任何事情都希望能达到完美，当他对事情的结果不满意时，就会陷入深深的自责之中。假如父母也是抑郁质类型的，孩子所做的一切就都不能令自己满意，在责备声中，孩子也容易患上抑郁症。所以，父母要用平常眼光看待孩子，劝导孩子不要过分追求完美。

3. 鼓励孩子参加活动

父母应重视孩子的主动性，鼓励他多参加集体活动，尽可能让孩子经常与同龄的孩子一起玩耍和交谈，尤其是让孩子多参加集体活动，培养孩子合群的性格。父母可以告诉孩子的老师在其参加集体活动时，对孩子进行鼓励和夸奖，增强孩子的自信心，不至于让他在其他同学面前感到羞怯和自卑。父母平时可以多带孩子参加一些集体活动和户外活动，以增强孩子的适应能力，帮助孩子克服孤僻、敏感的性格。

4. 创造温馨、快乐的家庭氛围

对于抑郁质的孩子，父母要为其创造一个轻松、快乐、温馨、和谐的家庭氛围。对孩子要亲切、温和、耐心，给予更多的关怀和照顾，切忌当众批评他们。即便需要批评孩子，也要在其能接受的范围之内，亲切而又毫不在意地说明孩子的错误所在，鼓励孩子去改正。同时在家里要鼓励孩子多说话、多表现，当孩子遭遇某些事情时，更要特别关心和照顾孩子。

5. 避免破窗效应

破窗效应是由詹姆士·威尔逊和乔治·凯林在美国心理学家菲利普·津巴多的实验的基础上提出的理论，这一理论认为每个人都会受到某些暗示的影响，在外界刺激的影响下，做出一些出格的事情。而对于抑郁质的孩子而言，这种效应更加明显，他们会被父母的"坏评价"所引导，成为"坏孩子"，让父母越来越担心。反之，假如父母可以适时鼓励，孩子就会产生更强的动力去变好。所以，父母要在家庭教育中注意保持轻松、快乐、温馨的氛围，这样的氛围对孩子的成长是十分有利的。此外，父母们要注意的是，当孩子可能产生不安全感的时候，则需要更加关心和照顾他们。父母可以鼓励孩子参加活动，增强孩子对环境的适应能力，帮助孩子克服孤僻、敏感的情绪反应。

6. 不打扰孩子观察

抑郁质的孩子有一个非常大的优点，即他们的观察能力很强。当孩子在认真观察一件事物的时候，无论遇到什么事情，父母都不要去打扰他。等他的观察工作结束之后，父母可以对孩子说："你认真观察的样子真可爱。"这时孩子可能会羞涩地笑，但其内心是十分幸福和快乐的。

7. 培养孩子的交际能力

由于抑郁质的孩子十分敏感、不擅长与其他人接触，因此父母的关注点大都放在培养孩子的交际能力方面。实际上，对于这种类型的孩子而言，父母越是强迫着他们与周围的人接触，他们对周围的人就越是敏感、越是排斥。这时父母就要让孩子感受到爱与欣赏，因为来自父母的爱与欣赏可以逐渐降低他们的敏感性。

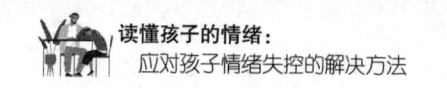

儿童孤独症，父母应该怎么办

假如自己的孩子患有孤独症，父母应该怎么办呢？是选择放弃、逃避、默默承受，还是理智、平和、坦然地接受这一切呢？面对患孤独症的孩子，父母没有理由强求什么，唯一能做的就是调整自己，按照他们自身的发育状况，用爱心、耐心帮助他们，协助他们最大限度地改善现状。

儿童孤独症又称儿童自闭症，与儿童感知、语言、思维、情感、动作以及社交等多个领域的心理活动有关，属于发育障碍。尽管不同的孤独症儿童会有不同的症状，不过主要表现为：说话较晚、反应迟钝、不合群、不懂得如何与人交往和沟通；有的孩子智力发育低、存在认知或感知缺陷；有怪癖、兴趣范围狭窄、行为方式刻板僵硬；注意力涣散。

有的孤独症孩子智力发展不平衡，他们对某一方面很敏感，如音乐、绘画等，而在其他方面则较差。不过，越是在某方面表现突出的孩子，越容易被父母忽略其他方面的不良症状。

李妈妈很烦恼，因为孩子豆豆患了孤独症。平时在家里，豆豆总是饶有兴趣地摆弄着手里的糖纸，对周围好像没有察觉，甚至连面前的水果和零食也不会令他心动。若是有阿姨问："宝贝，你几岁了？"问三遍豆豆几乎都没有什么反应，这时李妈妈则对豆豆说："告诉阿姨你几岁了？"但豆豆的目光依然停留在那张糖纸上，他重复了一遍妈妈的话："告诉阿姨你几岁了？"这时李妈妈说："对阿姨说我三岁半了。"豆豆也只是鹦鹉学舌地说了一句："对阿姨说我三岁半了。"

李妈妈介绍，豆豆只能说极少量的词和短语，几乎说不出一个完整的句子，经常重复别人的话。若是遇到有人跟他打招呼，他多半不会回应；提醒他做什么，他就好像没听见似的；经常会自言自语，说一些不着边际的话语。他平时不喜欢和小朋友玩，即便给他找来几个同龄小朋友，他也会躲开小朋友，独自一个人在旁边发呆。任何新奇的玩具都难以引起他的注意，他只会重复摆弄那些废弃的包装盒、纸片、勺、碗等东西，动作刻板，平时容易烦躁，脾气大，睡眠也很少。

教育专家表示，对孤独症孩子的治疗和早期干预，离不开个性化训练计划的制订。由于孩子的病态、程度不一样，需要的治疗方案也应有针对性，而父母需要承担教师的角色，通过"因材施教"和"家庭康复"帮助孩子战胜孤独症。

▶小贴士：

那么，父母要如何对待孤独症孩子呢？

1. 父母的态度很重要

面对孤独症孩子，父母的态度十分关键，因为孩子和亲友的情绪都会随着父母的态度而改变。因此，父母需要正确地对待孩子，为其制定合理的努力目标，重点培训孩子的独立能力。此外，父母在愉快地接受现实，与孩子愉快相处，努力教会孩子适应家庭生活的同时，也要细心观察孩子身上到底有哪些特性，容忍孩子重复说一句话，不要当着别人的面对孩子表示烦恼。总之，发现孩子患有孤独症之后，父母需要考虑怎样给孩子进行良好的教育，让这些孩子长大成为自食其力的人，而不是把他们当作家庭和社会的负担，要有勇气来接受教育孩子的工作，用积极的态度对待孩子。

2. 把他当作正常孩子

父母不妨把他看成是正常的孩子，营造一个让他们学着自己照顾自己的氛围，如自己穿衣服、穿鞋、吃饭、洗手、洗脸，学习适应环境与人配合。将自己设定的目标贴近孩子，将要达成的目标分解成一个个细小的目标，一点点地、分步骤地去实现。不过，欲速则不达，对一般孩子而言很容易学会的生活技能或短时间内可以养成的良好习惯，孤独症孩子却要学习半年或更长的时间。因此，父母在心里给孩子定的标准一定要比同龄的正常孩子低很多，急躁情绪和攀比心理是不能有的。

3. 经常与孩子聊天

孤独症孩子大部分语言发育迟缓，有的甚至丧失语言能力。他们面临的共同难题就是学会说话，父母应该利用孩子吃饭睡觉以外的所有时间教他说话。语言训练可以分阶段进行，如前期准备阶段可以教孩子模仿父母的口部动作，像张大口、闭嘴等，让孩子知道听指令做事，理解某些动作的意义——拍手表示高兴、摆手表示再见、拉手表示友好。中期可以进行"发单音"的训练，等孩子的单音字说得比较好了，就可以着手教他学双音节词语了。后期可以对孩子做简单的问答训练，目的就是让孩子学会表达自己的需求，学会沟通。

4. 引导孩子与人交往

父母可以引导孩子有意识地与人交往，让他们对交流感兴趣。比较好的方式就是让他们长时间和亲近的人在一起，亲密接触亲人的手势、动作、语言、表情和回应的方式。父母应该耐心地给孩子反复示范，一次次地引领孩子模仿。在这个漫长的过程中，父母最好将日常生活的内容与训练结合起来，变枯燥的训练为有趣的游戏，慢慢让孩子感觉到这是个有趣的游戏。

5. 对孩子进行感官和信息刺激训练

孤独症孩子对身边的信息通常是视而不见、听而不闻的，这源于他们大脑发育的偏差。对此，父母可以适当地对孩子做一些感觉统合训练，如荡秋千、跳绳，这些简单的活动可以在家中进行，这对改善孩子反应迟钝和动作不协调有一定的好处。大多数孤独症孩子自我封闭，拒绝接触新事物，缺乏主动性，不过他们对自己感兴趣的事情却比较执着。假如父母善于捕捉到孩子的兴奋点，对孩子感兴趣的事物给予多方面的信息刺激。假如孩子喜欢玩水，那父母可以为其准备热水、冷水、温水等。父母可以为孩子创造一个氛围，把与之相关的信息搜集起来，讲给孩子听、和孩子一起动手做。

警惕抑郁症对孩子的吞噬

抑郁症是指以情绪抑郁为主要特征的情感障碍，不但包含郁郁寡欢、忧愁苦闷的负性情感，还有怠惰、空虚的情绪表现。人们经常会误以为抑郁症只会发生在有自我意识能力和情感丰富的成人身上，而忽视了儿童也可能得抑郁症。抑郁对孩子的身心发展非常有害，会使孩子心理过度敏感，对外面的世界采取回避、退缩的态度，同时还可造成儿童身体发育不良。

小丽的爸爸是某公司的业务经理，妈妈是一名超市导购员，他们在家的时间很有限，因此5岁的小丽便跟着奶奶生活。以前的小丽活泼开朗，特别喜欢笑。不过现在，每当看到其他小朋友在周末有爸爸妈妈陪着一起到公园玩，小丽就十分羡慕，因为她已经好久没跟爸爸妈妈一起过周末了。

最近一段时间，爸爸妈妈发现小丽变得不喜欢笑了，她经常是一个人坐着发呆，整天不说一句话，好像一下子变乖了很多。不过，这样的乖总显得很不对劲儿。而且，幼儿园的老师也反映小丽现在上课常常注意力不集中，目光呆滞，不像班里其他女孩那样活泼。

心理学家认为，小丽是患了儿童抑郁症。有的父母认为孩子很小，便很难想到是抑郁症。实际上，儿童抑郁症已经不是什么新鲜事了。与身边的同龄孩子关系差的孩子更容易患抑郁症，除了人际关系导致的抑郁情绪积累外，学习压力大、与同学关系差、父母婚姻破裂等，都会对孩子产生很深的影响。

孩子的世界应是缤纷多彩，充满欢声笑语的，但是有的孩子小小年纪却总是郁郁寡欢。由于各种原因，很多孩子经常被抑郁的情绪所侵袭，严重者就会患上抑郁症。这无疑是一个令孩子本身和父母都感到痛苦和困惑的问题。

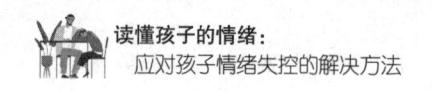

> 小贴士：

那么父母应该怎么样帮助孩子远离"抑郁"的阴影呢？

1. 营造温馨的家庭氛围

心理学家认为，良好的家庭支持和家庭凝聚力是孩子健康成长的持久动力。平时生活中，父母应该常常检查自己的情绪，避免自己身上的负面情绪影响到孩子。家长应学会尊重孩子，顺畅地和孩子沟通，为孩子创造一个亲密、融洽、温馨的家庭氛围，让孩子体会到家里的温暖和安全感。

2. 鼓励孩子多结交朋友

父母平时要真诚待人，鼓励孩子多与人交往，教会孩子与同龄孩子融洽相处，多组织孩子间的情感交流活动，培养孩子广泛的兴趣爱好和乐观宽容的性格，享受友情的温暖。

3. 完善孩子的人格

平时父母需要多发现孩子的优点并恰当地给予表扬和鼓励，从小培养孩子的自信与应对困境乃至逆境的能力，教育孩子学会忍耐和随遇而安，在困境中寻找精神寄托，如参加运动、游戏、聊天等。

4. 适度的学习教育

平时父母要适当给孩子一些自己的时间和空间，让孩子在不同的年龄阶段拥有不同的选择权。不要对孩子期望太高，不要过分纵容孩子或苛求孩子，应按照孩子自身的能力和兴趣来培养他们。

5. 积极的心理暗示

假如孩子已经出现抑郁症症状，父母要给予孩子适时的积极暗示，教导孩子理智调节自己的情绪，纠正孩子认知上的偏差。父母还可以寻找一些令孩子开心或振奋的事情，让愉快的事情占据孩子的时间，让孩子以积极的情绪来抵消消极的情绪，引导孩子适当的发泄内心郁闷的情绪。在有必要的情况下，可以及时找心理专家咨询，予以孩子积极的治疗。

孩子为什么总是闷闷不乐、情绪消极

小孩子动不动就喜欢说"不",而且经常是你说什么他都会说"不"。心理学研究表明,这是孩子独特的表示自立的方式。孩子开始说"不",是他形成自我认识的开端。而当生活里的某些事情或某些要求与其个体的兴趣、需要和愿望等不一致的时候,孩子就会产生消极情绪,如抵触、对抗、哭闹等。

杨先生的儿子杨威今年13岁,他比较敏感,性格说不上是外向型还是内向型,比较恋旧,跟以前的老同学、好朋友分别时总会依依不舍。四年级转学之后,杨威总是想念过去的老同学,不喜欢与新同学交往,直到一年之后才渐渐融入新的班级。即便上了初一之后,也总是念叨小学同学,认为初中同学比不上小学同学,似乎又要很长时间才能适应新环境。

最近杨先生发现儿子十分消极,很悲观,学习很懒散,对人生没有正确积极的世界观,认为人总归是要死的,现在再怎么努力都没有用,不管自己现在怎么样,最后都是一样的结局。杨先生经常听到儿子说:"爸爸,我不想你们死,不想爷爷奶奶他们死,人如果永远不死就好了。"最近这样的情绪更是经常反复,就在昨晚跟儿子聊天时,儿子还说到人最终还是逃不过死亡,所以自己做什么都是无用的,什么金钱、名誉到头来都是一场空,甚至说自己好像看到自己死时候的情景。杨威在说到这些的时候,情绪十分低落,甚至掉泪了,说自己不想死。

与成年人一样,孩子的情绪也有消极和积极之分。从1岁左右,孩子的情绪就开始分化,2岁时出现各种基本情绪,也就是生气、恐惧、焦虑、悲伤等消极情绪和愉快、高兴、快乐等积极情绪。积极的情绪对孩子的身心发展可以

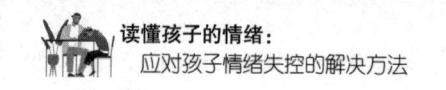

起到促进作用,有助于发挥孩子内在的潜力;消极的情绪则可能让孩子心理失衡,甚至让孩子患上心理疾病。

对孩子而言,产生情绪是一件很正常的事情。当一个成年人发脾气的时候,旁边的人会安慰,或者会知趣地离开。但是,当一个孩子发脾气的时候,他受到的却是父母的斥责,甚至是挨打,这其实是极不公平的。所以,一旦孩子有了消极情绪,父母需要做的是理解、帮助,而非责备、训斥。

▶ 小贴士:

那么,当孩子产生消极情绪时,父母应该怎么做?

1. 引导孩子宣泄消极情绪

心理学家认为,孩子在生活中产生的消极情绪,应以合适的渠道发泄出去。情绪一旦产生,宜疏导而非堵塞。当孩子遭遇难过的事情时,将负面情绪宣泄出来可以减轻精神上的压力。所以,在现实生活中,当孩子遇到挫折或感到不愉快的时候,父母可以让孩子不受压抑地通过言语或非语言的方式表达自己的情绪,这样可以减轻孩子的心理压力。

2. 理解孩子

在孩子生气的时候,父母可以用温和的语气开导孩子,让孩子知道父母了解他的感受。父母可以告诉孩子,生气时可以做什么,不能做什么,允许孩子以合适的方法宣泄情绪。在适当的时候,多给孩子讲一讲自己是如何面对困难和挫折的,又是如何战胜困难、超越挫折的。毕竟孩子年龄比较小,很少经历创伤和挫折,这时父母就是孩子的榜样。若是父母和孩子多聊这些话题,那势必会对孩子产生积极的影响。

3. 引导孩子倾诉心事

倾诉是一种合理的方式,父母可以引导孩子把自己遇到冲突或挫折时的感受告诉自己,同时给予同情、理解、安慰和支持。孩子对父母有很大的依赖性,父母对孩子表现出的同情或宽慰,会缓解甚至清除孩子的紧张心理和不安情绪。即便孩子倾诉的内容不合理，父母也要耐心地听下去，至少保持沉默，等孩子倾诉完毕之后，再与孩子讲道理。

4. 善于发现孩子的优点

父母要善于发现孩子的优点，同时将这些优点与孩子熟悉或崇拜的先进人物、英雄人物的优点比，让孩子在内心认定自己与他们的性格一样，从而激发孩子在思想和行为上向他们学习。孩子不断突出自己的优点，同时自我认可和肯定慢慢养成习惯之后，其消极的情况就会得到改善。

5. 创造和谐的家庭氛围

父母要善于创造和谐融洽、畅所欲言的家庭氛围，当孩子表达出自己的心理之后，父母要以探讨的形式来转变和提高孩子的认知，随时关注并指导孩子以积极的心态来自我排除心理障碍。在平时的生活中，父母在为人处世上要保持乐观的态度，因为榜样作用往往是孩子乐观性格形成的重要因素。

6. 引导孩子转移注意力

转移注意力，是宣泄情绪的最佳途径。父母要让孩子学会在遇到冲突和挫折时，不要将注意力集中在引发冲突或挫折的情境之中，而应尽可能地摆脱这种情境，投入到自己感兴趣的活动中去。例如，孩子在玩游戏的过程中与其他孩子发生冲突，可以让孩子到室外去踢一会儿足球，在剧烈运动中将积累的情绪能量发散出去。

7. 帮助孩子提高抗挫折能力

父母可以告诉孩子，生活中并不是每件事都会让自己满意，一个人总是会遇到这样或那样的挫折，生气和难过都是没有用的，而是需要有意识地控制自己的情绪，保持冷静。同时，父母可以通过带孩子旅游、登山，丰富孩子的精神世界，锻炼孩子的毅力，尽可能地帮助孩子形成坚毅、开朗的性格。

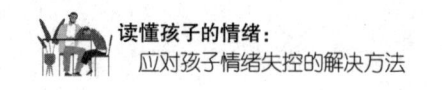

儿童强迫症，是怎么回事

近些年来，有许多父母向心理学家询问，发现孩子有异常表现。例如，上课时关注黑板以外的事物，无法集中精神听课，有的孩子还会对书上的一些公式反复地想它为什么会是这样的呢？有的父母反映孩子上学前会一遍又一遍地检查书包长达半小时之久，不过许多父母并没有意识到孩子已经有了强迫症的倾向。

强迫症是指在日常生活中存在一种强迫思维，以至于行为不受自己的控制。孩子年龄越小，强迫症的表现就越明显，对孩子的影响就越大。所谓的儿童强迫症是一种患儿明知不必要，却又没办法摆脱，反复呈现的观念、情绪或行为，越是努力抵制，越是感到紧张和痛苦。孩子发育的早期，可能有轻度的强迫性行为，如有的孩子走路时喜欢用手抚摸路边的电线杆；有的孩子走路时喜欢用脚踢小石头；有的孩子喜欢反复计算窗栏的数目等。不过，这些行为不伴有任何情绪障碍，且会随着年龄的增长而消失。

王女士最近很烦恼，以前接触过自己孩子的老师和朋友都反映过孩子有点儿强迫症。王女士当时觉得不太可能，毕竟孩子太小了，长大了应该会好些，自己也没太在意。

不过最近几天，王女士发现孩子的症状有点儿令人担忧。几周前，有次半夜，孩子突然惊醒告诉妈妈："床上有虫子！"结果王女士寻找了半天，床上根本没有虫子，一定是孩子做梦了。于是王女士安慰孩子："妈妈昨天晒过被子了，把细菌都晒死了。"听到这样的话，孩子才安定下来。不过，之后的每一天孩子每晚睡觉前都会问："妈妈，你今天有没有晒过被子？"王女士每次都回答："晒过了。"王女士以为，估计哪一天孩子就会忘记问这个问题了。

直到昨晚，由于时间太晚孩子还不愿睡觉，王女士生气了，不理他，结果孩子问了十几遍，王女士依然没回答，孩子只好作罢。谁料，第二天早上，孩子醒来第一句话就是："妈妈，你昨天晒被子了吗？"王女士瞬间被问晕了，难道孩子真的得了强迫症吗？

稍微严重的强迫症表现为，反复数天花板上吊灯的数目，反复数图书上有多少人物，反复计算自己走了多少步。有的孩子则表现为强迫洗手，强迫自己反复检查门窗是否关好了，反复检查作业是否做对了，甚至睡觉前，不断检查衣服鞋袜是否放得整整齐齐。有的孩子则表现出仪式性动作，如要求自己上楼梯必须一步跨两级，走路必须一下走过两个格子。如果不让孩子重复这些动作，他们就会感到焦虑，甚至生气。不过，他们反复重复这些形式，并不会出现成年患者那样的焦虑，通常情况下，孩子对自己的强迫行为并不感到苦恼，只不过是呆板地重复这些行为而已。

父母应及早发现孩子的这些不正常行为，平时多注意观察孩子的行为举止，以防孩子的症状越来越严重。

▶小贴士：

那么，父母如何缓解孩子的强迫症症状呢？

1. 行为疗法

当孩子的强迫症发作的时候，父母可以让其有意识地用手腕上的橡皮筋来弹自己，从而克制自己的强迫行为，通过外力的作用来阻止强迫症的发作。心理学家认为，一般参与示范比被动示范的治疗效果要更好一些。当然，在这个过程中，父母不仅是监督者，更是整个事情的参与者。

2. 信心疗法

父母需要给孩子树立信心，如对于孩子的考前焦虑症等轻度心理问题，父母可以告诉孩子，每个人考前都会紧张，不只是你一个人心情焦虑，以此放松孩子的心情。当孩子丧失信心的时候，父母应鼓励孩子，让其重新树立信心。

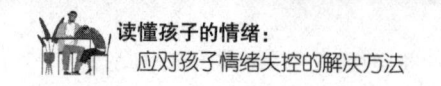

3. 顺其自然

心理学家建议用"森田疗法"来减少强迫行为。这是治疗强迫症比较好的方法，也就是"顺其自然，为所当为"。孩子强迫症产生的根源就是"怕"，正因为存在各种恐惧，才会不断重复地去做某件事。怕的时候要怎么应对，"顺其自然，为所当为"，即不要刻意去强化强迫症的观念，转移注意力，做应该做的事情，才会治愈强迫症。父母在这个过程中要做的就是，不要刻意让强迫症孩子作出改变，而应顺应其性情，等他确认自己所担心的事情根本不会出现的时候，强迫症的症状自然会减轻甚至消失。

4. 给予孩子理解与关怀

当父母发现孩子有强迫症的时候，不要指责孩子，更不能说孩子胡思乱想。有的孩子在抄写课文的时候，抄着抄着就突然开始使劲儿地描一个字，即便把纸划破了，还是一个劲儿地描。这时正确的方法应是分散孩子的注意力，如问他今天星期几，这样孩子的注意力被转移了，就能恢复正常思维。不过有的父母不懂这些，一看见孩子发呆，就会指责孩子："你又在胡思乱想什么？"这样的行为会导致孩子心理负担越来越重。假如父母可以多理解、多关心孩子，孩子的强迫症状会慢慢减轻，直至消失。

5. 认知疗法

父母需要帮助孩子让其认识到头脑中这些担心的不合理性，不过这些长期以来的恐惧已经深入到潜意识里，因此，想要短时间内改变，绝非易事。父母可以和孩子结成联盟，在父母的监督和引导下，共同从一点一滴的小习惯开始改变，结合行为疗法，改变旧习惯，建立新习惯。

为什么一些孩子喜欢疑神疑鬼

疑心病就是孩子在交往过程中，总觉得其他什么事情都与自己有关，并对他人的言行猜疑，以证实自己的想法。疑心病是一种不健康的心理，具有疑心病的孩子，总是虚构一些因果关系，用来解释别人为什么会有这样的举止言谈。比如，有的孩子看到附近的两个同学小声交谈，就认为是在议论自己。

疑心病根源于心理学上的暗示，暗示可以分为积极暗示和消极暗示：积极暗示可以增强自信心，使人精神更加振奋；相反，消极的暗示会使人忧心多虑，甚至让人疑神疑鬼。而疑心病则源于后者，似"无病疑病"，这是一种极不健康的心理，会影响到孩子们的生活、学习。

肖妈妈怀疑儿子小东患了疑心病，如有时"苹果是什么颜色"这样的问题也会让他感到十分紧张，不知所措。他往往犹豫了半天，也不知道怎么回答，最后只好说："我也不知道是什么颜色。"而且，平时家里扔垃圾的时候，小东总是一遍又一遍地检查垃圾桶，他总担心有价值的东西留在了垃圾桶里，直到他决定带走垃圾时，还会不断地朝垃圾袋里张望，希望可以看到一些值钱的东西。

小东前段时间感冒了，还伴有腹泻。小东一直在医院看病，打针、吃药，而他的感冒也时好时坏。对此，他总是怀疑自己得了什么重大的疾病。他告诉妈妈自己呼吸困难，让妈妈带他去医院做了胸透、心电图，结果一切正常。不过小东又怀疑医生是骗自己的，故意隐瞒自己的病情。

疑心病者整天疑心重重、无中生有，孩子会认为每个人都是不可信、不可交的。例如，疑心病者看见几个同学背着自己讲话，就怀疑他们是在讲自己的坏话；老师有时候对他态度冷淡了一点儿，就觉得老师对自己有了不好的看

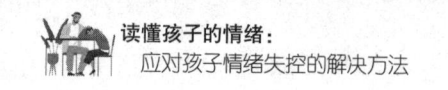

法，或者怀疑有同学在老师面前说了自己的坏话；父母对自己稍有批评，他就无端地怀疑父母不爱自己了，甚至延伸出"我难道不是爸妈亲生的"这样荒诞的想法。

疑心病的孩子特别留心他人对自己的态度，对方一句无心的话，他都要琢磨半天，努力去发掘其中的"潜台词"。这样时间长了，孩子便不能轻松与他人交往，背上了沉重的心理包袱，影响到他的人际关系。而且，还有可能由怀疑别人发展到怀疑自己，最终变得自卑、消极、怯弱。对于身心正处在发展阶段的年轻人来说，疑心病不是他们该有的，它会威胁到他们的心理健康。所以，父母一旦发现孩子有了疑心病的征兆，就需要及时引导孩子，将这种病症扼杀在萌芽状态。

▶ **小贴士：**

那么，当孩子有疑心病的征兆时，父母应该怎么做呢？

1. 培养孩子的自信心

父母要引导孩子看到自己的优点与长处，逐渐培养其自信心，鼓励孩子处理好与他人的关系，给他人留下良好的印象。例如，鼓励孩子相信他们的言行在同学面前是适宜的，鼓励孩子相信自己在老师面前是一位乖巧的好学生，从而打破他虚构的因果关系。当孩子充满信心地投入到学习中时，就不会担心自己的行为，也不会随便怀疑对方是否会挑剔、为难自己了。

2. 引导孩子理性看待疑心病

当发现孩子开始怀疑别人的时候，应该帮助孩子及时找出产生疑心病的原因，在没有形成思维之前，瓦解怀疑心理。例如，孩子怀疑同桌偷了自己的钢笔，父母可以让孩子冷静地想一想，会不会是自己做完作业忘了带回家，或者在放学路上弄丢了。这样一来，那些胡乱的猜疑就会逐渐瓦解。父母应该让孩子逐渐明白，其实现实生活中的许多怀疑是可笑的，对此，冷静地思考一番是很有必要的。

3. 安慰孩子

有时候，孩子在学校遭到了同学的非议与流言，或者与同学发生了误会，就会产生疑心病。这时父母要仔细观察孩子的情绪，及时安慰孩子，告诉他不要斤斤计较，因为计较得越多，疑心病就越重，给自己带来的烦恼就越多。假如孩子觉得自己遭到了同学的怀疑，父母可以安慰孩子，没有必要为别人的闲言碎语所纠缠，不要在意对方的议论，这样孩子就会渐渐从疑心病的烦恼中解脱出来。

4. 鼓励孩子主动与人沟通

事实上，怀疑是误会的升级版，如果彼此之间的误会没有得到及时的解除，就会发展为猜疑；当猜疑不能及时消除，就会导致疑心病的加重。一旦发现孩子有了疑心病的征兆，父母可以鼓励孩子主动、及时地与怀疑对象开诚布公地沟通，弄清事情的真相，消除误会，消除疑心病。父母要告诉孩子，如果是误会，可以通过沟通消除；如果是意见有了分歧，适当的沟通对双方也有好处；如果猜疑是真实的，双方经过平静的讨论，也可以有效地解决问题。

参考文献

[1] 朱芳宜.读懂孩子的情绪[M].北京：中信出版社，2020.

[2] 胡媛媛.我不随便发脾气[M].广州：广东旅游出版社，2016.

[3] 闻少聪.父母新知：理解孩子的坏脾气[M].上海：华东师范大学出版社，2014.